HEIMISCHE

VÖGEL

LEBENSGROSS

HEIMISCHE VÖGEL LEBENSGROSS

Porträts von
100 Arten

Nancy J. Hajeski

DK | Penguin Random House

Lektorat Sean Moore, Lisa Purcell

Gestaltung, Bildredaktion und Herstellung Adam Moore, Lisa Purcell

Für die deutsche Ausgabe:
Projektbetreuung Manuela Stern
Herstellungskoordination Arnika Marx
Herstellung und Covergestaltung Sabine Hüttenkofer

Titel der englischen Originalausgabe: Life-size Birds

Übersetzung und Überarbeitung der deutschen Ausgabe: Andreas Held
Lektorat Dr. Ruthild Kropp

ISBN 978-3-8310-5063-5
5902-970865-23954-01

Druck und Bindung Foshan Nanhai Xingfa Printing Co. Ltd, China

FSC www.fsc.org MIX Papier | Fördert gute Waldnutzung FSC® C018179

www.dk-verlag.de

Hinweis
Die Informationen und Ratschläge in diesem Buch sind von der Autorin und vom Verlag sorgfältig erwogen und geprüft, dennoch kann eine Garantie nicht übernommen werden. Eine Haftung der Autorin bzw. des Verlags und seiner Beauftragten für Personen-, Sach- und Vermögensschäden ist ausgeschlossen.

Coverabbildungen
Vorn: Oben links: Kohlmeise (*Parus major*), S. 18–19
Oben rechts: Eisvogel (*Alcedo atthis*), S. 204–205
Unten links: Buchfink (*Fringilla coelebs*), S. 42–43
Unten rechts: Uhu (*Bubo bubo*), S. 136–137
Rücken: Singdrossel (*Turdus philomelos*), S. 72–73
Hinten: Haubentaucher (*Podiceps cristatus*), S. 174–175

Vorsatz: Säbelschnäbler-Schwarm (*Recurvirostra avosetta*), S. 190–191
Seite 1: Turmfalke (*Falco tinnunculus*), S. 110–111
Seite 2l: Buntspecht (*Dendrocopos major*), S. 102–103
Seite 2r: Steinkauz (*Athene noctua*), S. 128–129
Seite 3: Grünfink (*Chloris chloris*), S. 44–45

Diese Seite: Rotschenkel (*Tringa totanus*), S. 188–189

Inhalt

EINFÜHRUNG

Es gibt heute auf der Erde 10 000 Vogelarten, auf allen sieben Kontinenten kommen Vögel vor. Laut Angaben des Club300, einer deutschen Vereinigung für Vogelbeobachtung, und Ergänzungen von Avibase sind für Deutschland derzeit 555 Vogelarten nachgewiesen. Davon wurden 15 vom Menschen eingeführt. Häufigste Art ist hierzulande mit rund 10 Mio. Brutpaaren der Buchfink.

Die Vogelwelt Deutschlands ähnelt weitgehend der anderer mitteleuropäischer Länder, die ebenfalls zur Paläarktis gehören. Deutschland und seine Nachbarregionen bieten abwechslungsreiche geografische Gegebenheiten, die zahlreiche Vogelarten anziehen. Vögel finden hier eine große Vielfalt an Landschaften vor, wie Küsten, Feuchtgebiete, Mündungsbereiche, Flusstäler, Seen, weite Ebenen, landwirtschaftliche Flächen, dichte und lichte Wälder, schroffe Gebirge und Bergwiesen. Das Klima in Deutschland ist gemäßigt, mit Seeklima im Westen und feuchtem Kontinentalklima im Osten. Die Winter sind im Westen kühl, im Osten kalt, die Niederschläge das ganze Jahr über mäßig, und von November bis Februar ist es meist bedeckt. Besonders im Süden sind die Sommer warm.

Deutschland weist keine so weitläufigen, unbebauten Flächen auf wie einige Länder Nord- und Südamerikas oder Asiens. Die Vogelwelt hat sich hier aber an städtische Umgebungen und an Agrarbetriebe wie Bauernhöfe und Obstplantagen angepasst. In Städten und Stadtrandgebieten können Vogelbeobachter viele verschiedene Arten entdecken, die in Parks und anderen öffentlichen Räumen sowie in Gärten nach Nahrung suchen und brüten.

BASISWISSEN ÜBER VÖGEL

Vögel sind erstaunlich robuste Geschöpfe. Sie ertragen Extremtemperaturen und passen sich an viele Geländetypen an. Im Gegensatz zu Landtieren können sie jederzeit wegfliegen und sich eine passendere Umgebung suchen.

Definiert sind Vögel (wissenschaftlich Aves) als gefiederte, geflügelte, zweibeinige, warmblütige, eierlegende Wirbeltiere. Sie haben ein Herz mit vier Kammern, einen Schnabel ohne echte Zähne und ein stabiles, aber leichtes Skelett. Die Weibchen legen hartschalige Eier. Alle besitzen unabhängig von ihrer Flugfähigkeit Flügel. Die Spanne reicht von der nur 5 cm großen Bienenelfe, einem Kolibri, bis zum Wanderalbatros mit 3,3 m Flügelspannweite.

Vögel können ebenso reine Fleisch- oder Pflanzenfresser sein wie Allesfresser. Ihr Nahrungsspektrum ist äußerst vielfältig: von winzigen Planktonorganismen im Meer bis zu hartschaligen Weichtieren, von kleinen Insekten und Fischen bis zu Amphibien, Reptilien, Säugetieren sowie anderen Vögeln und deren Eiern. Manche suchen nach Samen, Körnern, Früchten, Beeren, Baumsäften und Nektar – und gelten teilweise als Landwirtschaftsschädlinge. Viele nutzen als Opportunisten sich bietende Gelegenheiten und verschmähen auch Abfälle, Innereien oder Aas nicht. Ganz zu schweigen von Vertretern, die nur darauf lauern, einen Bissen zu erhaschen, wenn sich Menschen im Freien Pommes oder Pizza schmecken lassen.

DIE ENTSTEHUNG DER VÖGEL

Nach allgemeiner heutiger Auffassung haben sich die Vögel aus Dinosauriern entwickelt. Einst wurden sie systematisch als eigene Gruppe neben Fischen, Amphibien, Reptilien und Säugetieren klassifiziert. Heute werden sie jedoch aufgrund ihrer Evolutionsgeschichte zur Klasse der Archosaurier gezählt, zu der auch die heutigen Krokodile gehören. Wahrscheinlich gingen die Vögel aus den Theropoden – das bedeutet wörtlich »Tierfüßer« – hervor. Zu dieser Gruppe zweibeiniger Fleischfresser gehörte auch *Tyrannosaurus rex*. Allerdings waren die Vorfahren der Vögel weniger furchterregend. Es handelte sich vermutlich um kleine, gefiederte Dinosaurier, deren Vorderbeine sich im Laufe der Zeit zu Flügeln entwickelten.

Einer der ersten Vogelbeckendinosaurier war *Archaeopteryx* (»alte Feder«). Zunächst fand man nur eine versteinerte Feder, 1881 ein vollständiges Exemplar. Er lebte gegen Ende des Juras, vor 150 Mio. Jahren. Damals war der spätere Fundort des Fossils im Solnhofener Plattenkalk Teil einer tropischen Lagune im Urmittelmeer. Für Paläontologen stellte *Archaeopteryx* das Übergangsglied von Dinosauriern zu Vögeln dar. Er war rabengroß und besaß Federn, einen knöchernen Kiefer mit spitzen Zähnen und einen langen Schwanz mit Wirbeln. Außerdem hatte er drei »Finger« mit Krallen und überstreckbare zweite Zehen, die eine tödliche Klaue bildeten. Mit anderen Worten, er war alles andere als ein gewöhnlicher Vogel.

Die Federn des *Archaeopteryx* waren asymmetrisch (eine Seite der Fahne breiter), wie es für die Erzeugung von Auftrieb erforderlich und typisch für heutige flugfähige Vögel ist. Die meisten flugunfähigen Vögel haben dagegen symmetrische Federn. Weil Muskulatur und Knochenbau dieses frühen Vogels aber keine Aufwärtsflügelschläge zuließen, vermuten Forschende, dass er nur zum Gleitflug imstande war und sich dabei mit Abwärtsflügelschlägen Antrieb verschaffte. Zweifellos bewegte er sich aber durch die Luft.

Im Laufe der Vogelevolution wurden einige anatomische Merkmale zur Gewichtsersparnis reduziert und andere abgewandelt, um die Flugfähigkeit zu verbessern. Der lange, knöcherne Schwanz verschwand ebenso wie die Zähne. Ein verlängertes Brustbein und ein steifer Brustkorb ermöglichten die für einen anhaltenden Flug erforderlichen kräftigen Aufwärtsschläge. Im Gehirn gab es spezielle Bereiche für das Sehen, Hören und die Koordination. Später spalteten sich die Vögel in drei Gruppen auf: die Urkiefervögel (Palaeognathae, Strauße und Verwandte) sowie die Neukiefervögel (Neognathae) mit den Galloanserae (Hühner- und Gänsevögel) und Neoaves (alle anderen heutigen Vögel).

KLASSIFIKATION DER VÖGEL DIESES BUCHES

Die in diesem Buch vorgestellten Vögel wurden aufgrund ähnlicher Merkmale in die folgenden Kategorien unterteilt.

SPERLINGSVÖGEL Diese meist kleinen oder mittelgroßen Vögel sind sehr gesellig. Viele sind für ihren Gesang bekannt. Die Sperlingsvögel bilden die Ordnung Passeriformes mit mehr als 140 Familien und etwa 6500 beschriebenen Arten. Das sind rund 60 Prozent aller Vogelarten. In der Regel haben diese Vögel anisodaktyle Füße: Drei Zehen zeigen nach vorne und eine nach hinten. Das erleichtert das Sitzen auf Zweigen.

NACHTSCHWALBEN/SEGLER Die nacht- oder dämmerungsaktiven Nachtschwalben (Familie Caprimulgidae) sind auch als Ziegenmelker bekannt. Die Familie umfasst 20 Gattungen. Typisch sind die großen Augen, kleinen Schnäbel und ihre hervorragende Tarnung. Segler (Familie Apodidae) leben fast nur in der Luft und ähneln oberflächlich Schwalben. Sie sind aber weder mit diesen noch mit anderen Sperlingsvögeln näher verwandt, sondern werden mit den Kolibris in die Ordnung Seglervögel (Apodiformes) gestellt.

TAUBEN Kennzeichnend für Tauben (Familie Columbidae) sind der kräftige Körperbau, der gedrungene Hals und der kurze, schlanke Schnabel, der bei einigen Arten teils mit fleischiger Haut bedeckt ist. Die meisten Arten sind robust und passen sich leicht an menschliche Siedlungen an. Ihre Nahrung bilden hauptsächlich Samen, Früchte und Pflanzen.

SPECHTE Spechte (Familie Picidae) sind stämmige, lebhafte Vögel, die mit ihrem kräftigen Schnabel unter Baumrinde nach Insekten suchen. Viele der 200 weltweit vorkommenden Arten sind durch den Verlust ihres Lebensraums gefährdet. Zur Familie gehört auch der Wendehals.

KUCKUCKE Diese einzelgängerischen, schlanken, mittelgroßen Vögel bilden die Familie Cuculidae. Typisch sind ein langer Schwanz, längliche Beine und zygodaktyle Füße, bei denen die beiden äußeren Zehen nach hinten zeigen. Die Weibchen einiger Kuckucksarten legen ihre Eier in die Nester anderer Vögel. Dies bezeichnet man als Brutparasitismus.

RAUBVÖGEL Raubvögel ist ein nicht systematischer Überbegriff für Greifvögel, Falkenartige und Eulen. Alle ernähren sich von anderen Tieren, einschließlich anderer Vögel. Familien sind neben den Habichtartigen (Accipitridae, mit Bussarden, Adlern, Weihen und Geiern) noch Fischadler (Pandionidae), Falkenartige (Falconidae), Neuweltgeier (Cathartidae), Eigentliche Eulen (Strigidae) und Schleiereulen (Tytonidae). Mit Ausnahme der Geier, die sich von Aas ernähren, jagen die Arten hauptsächlich aus der Luft, schlagen Vögel im Flug oder stürzen sich mit ausgestreckten Fängen auf Beutetiere am Boden.

HÜHNERVÖGEL Diese Vögel (Ordnung Galliformes) bewohnen meist Lebensräume mit reichlich Unterwuchs und werden häufig bejagt. Zu ihnen gehören Wachteln, Fasane, Raufuß- und Truthühner. Viele Arten sind scheu und gut getarnt. Aufgescheucht fliegen sie blitzschnell auf.

ENTENVÖGEL Merkmal der Familie Anatidae sind die für Wasservögel typischen Schwimmhäute zwischen den Zehen. Entenvögel verbringen den Großteil ihrer Zeit schwimmend und fressend im Wasser und umfassen Enten, Gänse und Schwäne. Viele Arten werden bejagt.

RALLEN/LAPPENTAUCHER/SEETAUCHER Diese Wasservögel sind nicht näher miteinander und mit Enten verwandt. Viele Rallen (Fam. Rallidae) besitzen Schwimmlappen an den langen Zehen und bewegen sich im Wasser wie an Land behände fort. Lappentaucher (Fam. Podicipedidae) haben gelappte Zehen und können mit ihren weit hinten sitzenden Beinen nur unbeholfen watscheln. Das gilt auch für Seetaucher (Fam. Gaviidae), deren Zehen mit Schwimmhäuten verbunden sind.

WATVÖGEL Diese auch Limikolen genannten Vögel leben oft in Wassernähe, viele davon am Meer, sind aber auch auf Wiesen zu beobachten. Sie gehören zur Ordnung Regenpfeiferartige (Charadriiformes).

REIHER/STÖRCHE/KRANICHE Diese meist langhalsigen und langbeinigen Vögel wurden früher als »Schreitvögel« zusammengefasst, gehören aber nach heutigen Erkenntnissen unterschiedlichen Vogelordnungen an. Zu den Reihern (Familie Ardeidae) zählen auch Dommeln. Störche (Ciconiidae) und Kraniche (Gruidae) bilden ebenfalls Familien.

EISVÖGEL Die kleinen bis mittelgroßen, prächtig gefärbten Vögel der Familie Alcedinidae sind geschickte Jäger und fangen ihre Beute tauchend, oft von einem Ansitz aus. Die Arten sind weltweit verbreitet.

SEEVÖGEL Diese Kategorie umfasst Vögel unterschiedlicher Verwandtschaft: Sturmvögel, Seeschwalben, Möwen, Kormorane, Alken und Tölpel. Viele dieser ausdauernden Flieger verbringen ihr Leben auf dem Meer und kommen lediglich zum Brüten an Land. Andere leben in Küstenregionen und haben gelernt, von Menschen Nahrung zu ergattern.

Manchmal unterscheiden sich Männchen und Weibchen einer Art optisch deutlich voneinander. In diesen Fällen ist das Geschlecht des abgebildeten Vogels mit angegeben.

Wintergoldhähnchen *(Regulus regulus)*

Das zierliche Wintergoldhähnchen und das eng verwandte Sommergoldhähnchen sind die beiden kleinsten in Europa heimischen Vogelarten. Typisch für die Vertreter der Familie Goldhähnchen (Regulidae) sind der rundliche Körper mit kurzem Hals. Beide Arten sind oberseits olivgrün, unterseits schmutzig weiß. Das Wintergoldhähnchen erinnert an einen Laubsänger ohne Gesichtszeichnung mit schwarzer Iris und zwei weißen Flügelbinden. Der farbig abgesetzte Scheitelstreifen ist von schwarzen Federn begrenzt und bei Weibchen gelb, bei Männchen gelb mit orangem Zentrum. Wenn er bei der Balz kammartig aufgestellt wird, kommt die orange Farbe besonders gut zur Geltung. Das Verbreitungsgebiet umfasst weite Teile der Paläarktis. Nördliche und östliche Populationen überwintern teilweise weiter im Süden. Die Art brütet in alten Tieflandwäldern und Gebirgsnadelwäldern bis in 4800 m Höhe, aber auch in anthropogenen Lebensräumen wie Gärten und Parks. Ihr kompaktes, dreilagiges Nest wird auf Ästen errichtet. Als Insektenfresser erbeuten die Vögel kleine Gliederfüßer ohne hartes Außenskelett wie Springschwänze, Blattläuse und Spinnen.

▼ **Maßstab 1:1 Lebensgröße**

STECKBRIEF

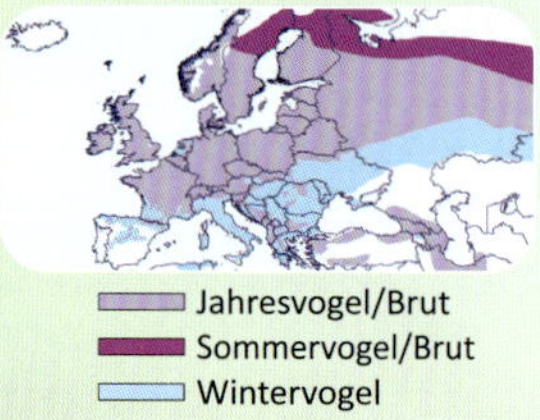

LÄNGE: 8,5–9,5 cm

SPANNWEITE: 13,5–15,5 cm

GEWICHT: 4,5–7,0 g

ALTER: 1–2 Jahre; Rekord in der Natur: 7 Jahre

STIMME: Kontaktruf ist ein hochfrequentes, in Abständen von 1–4 Sekunden wiederholtes *sri-sri-sri*; das Männchen singt einen sehr hohen, wispernden Doppelton, der 5- bis 7-mal wiederholt wird und in einem Triller endet.

LEBENSRAUM: Alte Tieflandwälder, Gebirgsnadelwälder, Gärten

VERBREITUNG: Weite Teile der Paläarktis sowie Makaronesische Inseln und Island im Atlantik

Bei der Balz stellt das Männchen seine leuchtend orangen Scheitelfedern kammartig auf.

Weibchen

▼ **Maßstab 1:1 Lebensgröße**

Männchen ▶

Altvogel füttert Küken

Nest

Eier: tatsächliche Größe

In Eurasien gibt es neun anerkannte, sehr ähnliche Unterarten des Wintergoldhähnchens. Eine davon, *R. r. buturlini,* teilt sich sogar das Verbreitungsgebiet mit der Nominatform: Sie brütet in Osteuropa, im Kaukasus und in Zentralasien.

Nach der Brutsaison bewachen Goldhähnchen ihr Winter-Nahrungsrevier, gesellen sich aber oft zu kleinen Schwärmen von Meisen und Laubsängern und erschließen so ein vielfältigeres Nahrungsangebot. An Futterhäuschen fressen sie Fettfutter.

Das europäische Verbreitungsgebiet des sehr ähnlichen **Sommergoldhähnchens** (*Regulus ignicapilla*) überschneidet sich weitgehend. Wichtigste Unterscheidungsmerkmale sind die bronzefarbenen Schulterflecken und die ausgeprägte Gesichtszeichnung mit leuchtend weißem Überaugenstreif und schwarzem Augenstreif.

Zaunkönig *(Troglodytes troglodytes)*

Der sehr kleine Insektenfresser ist die einzige in Eurasien und Afrika vorkommende Art der Familie Zaunkönige (Troglodytidae). Das Gefieder ist bei beiden Geschlechtern gleich – oberseits rostbraun, unterseits beigebraun und mit cremefarbenem Überaugenstreif. Der Körper ist gedrungen, der Hals kurz und der Schnabel lang und dünn; der kurze Schwanz wird zumeist aufgestellt. Wenn Zaunkönige auffliegen, erzeugen ihre kleinen Flügel ein surrendes Geräusch. Als aktive Jäger sind sie ständig mit ruckartigen Bewegungen unterwegs und stochern in Felsspalten, altem Gemäuer und morschen Baumstämmen nach Beute. Sie ernähren sich vorwiegend von Insekten, aber auch von Spinnen und ab und an Samen. Die Jungen werden mit Schmetterlingsraupen gefüttert, insbesondere solchen der Kohleule. Der Zaunkönig kommt in Europa und der restlichen Paläarktis vor, lediglich die Populationen im Norden des Areals sind Zugvögel. Meist halten sich die Vögel in Bodennähe auf und sind in vielen Lebensräumen anzutreffen, vor allem in Kultur- oder Naturlandschaften mit Büschen und Unterwuchs, aber auch in Gärten, Hecken, Gebüschen, Wäldern und Schilfgebieten. Selbst auf Magerwiesen, in Mooren, an Geröllhängen und Felsküsten kommt die Art vor.

STECKBRIEF

LÄNGE: 9–10 cm

SPANNWEITE: 13–17 cm

GEWICHT: 10 g

ALTER: 2 Jahre

STIMME: Der Gesang des Männchens ist eine komplexe Abfolge von lauten Trillern und sich überschlagenden Rollern; der Kontaktruf ist ein kurzes, scharfes *tsik-tsik-tsik*

LEBENSRAUM: Kultur- und Naturlandschaften mit Gebüsch wie lichte Wälder, Schilfgürtel und Gärten

VERBREITUNG: Europa und restliche Paläarktis

ETYMOLOGIE

Weil er auch im Winter singt, war der Zaunkönig auch unter dem Namen Schneekönig bekannt, in den Niederlanden heißt er *Winterkoning* (»Winterkönig«).

▼ Maßstab 1:1 Lebensgröße

◄ Maßstab 1:1 Lebensgröße

Zur Brutzeit leben Zaunkönige einzelgängerisch, in den kälteren Monaten des Jahres werden sie geselliger.

Küken im Nest

Eier: tatsächliche Größe

Brutsaison

Der mit erstaunlich kräftiger Stimme vorgetragene Gesang der Männchen erklingt das ganze Jahr über, vor allem aber während der Brutzeit. Die Männchen sind polygam und teilen ihr Revier mit bis zu vier Weibchen. Bei der Balz umwerben sie die Weibchen nicht nur mit ihrem Gesang, sondern posieren auch mit Flügeln und Schwanz. Das meist kugelförmige Nest hat einen Seiteneingang und wird aus Gras, Moos, Flechten und Falllaub in einer Mauer, auf einem Baum oder im sicheren Dickicht einer Hecke gebaut. Die Weibchen legen 5–6 weiße, rostbraun gesprenkelte Eier und bebrüten diese allein. In der Regel haben sie pro Saison zwei Bruten.

Bei Kälte schläft der Zaunkönig meist in dunklen, kuscheligen Hohlräumen oder verlassenen Nestern, was zu seinem Gattungsnamen führte – *Troglodytes* bedeutet »Höhlenbewohner«. In besonders kalten Nächten kuscheln sich Familienmitglieder aneinander und wärmen sich gegenseitig.

Balzender Zaunkönig

Zilpzalp *(Phylloscopus collybita)*

Der zierliche olivbraune Vogel mit weißlich beiger Unterseite huscht durch Bäume und Gestrüpp, dabei stets charakteristisch mit dem Schwanz wippend. Den Namen Zilpzalp erhielt die auch Weidenlaubsänger genannte Art nach den wiederholten Silben ihres Gesangs. Einst wurde sie zu den Grasmücken (Fam. Sylviidae) gestellt, seit 2006 zusammen mit 65 Verwandten in die eigene Familie Laubsängerartige (Phylloscopidae), beruhend auf der gemeinsamen, einfachen Gesangsstruktur der Vögel. Der Zilpzalp brütet in West- und Mitteleuropa sowie in Asien. Zum Überwintern zieht er nach Süd- und Westeuropa, Südasien und Nordafrika. Zu seinen bevorzugten Lebensräumen gehören Buschland, Weidendickichte, Parks, Gärten, Hecken und kultivierte Flächen, häufig in Wassernähe. Als Insektenfresser fängt er seine Beute im Flug – am liebsten Fliegen –, pickt aber auch Insekten und Spinnen von Bäumen und Sträuchern. Das Weibchen baut ein kuppelförmiges Nest am Boden oder in Bodennähe und kümmert sich allein um das Brüten und die Jungenaufzucht. Derweil verteidigt das Männchen sein Revier gegen Rivalen und wehrt Feinde ab.

STECKBRIEF

Jahresvogel/Brut
Sommervogel/Brut
Wintervogel

LÄNGE: 10–12 cm

SPANNWEITE: 15–21 cm

GEWICHT: Männchen 7–8 g; Weibchen 6–7 g

ALTER: 1–5 Jahre

STIMME: Ein monotones *zilp-zalp, zilp-zalp* in verschiedenen Tonhöhen

LEBENSRAUM: Buschland, Weidendickichte, Parks, Gärten, Hecken, Kulturlandschaften

VERBREITUNG: West- und Mitteleuropa, Asien; überwintert in Süd- und Westeuropa, Südasien und Nordafrika

▼ Maßstab 1:1
Lebensgröße

Neben dem Zilpzalp oder Weidenlaubsänger, *Phylloscopus collybita*, gibt es noch drei weitere Laubsängerarten, die den Namen Zilpzalp tragen: den Iberienzilpzalp, *Ph. ibericus*, den Kanarenzilpzalp, *Ph. canariensis*, und den Bergzilpzalp, *Ph. sindianus*.

Nest

Eier: tatsächliche Größe

Jungvögel

Etymologie

Der Gattungsname *Phylloscopus* und der Familienname Phylloscopidae leiten sich von den altgriechischen Wörtern *phullon* (»Blatt«) und *skopos* (»Späher«; von *skopeo*, »betrachten«, »inspizieren«) ab. Die Laubsängerartigen sind kleine, insektenfressende, oberseits grünliche oder bräunliche Vögel mit gelblicher, weißer oder bräunlicher Unterseite.

Fitis

Waldlaubsänger

Fitis (*Phylloscopus trochilus*) und **Waldlaubsänger** (*P. sibilatrix*) sehen dem Zilpzalp äußerst ähnlich. Letzterer ist oberseits bräunlich und unterseits weißlich bis gelblich, hat grünlich braune Flügel ohne Flügelbinden, dunkle Beine und einen hellen Augenstreif. Der Fitis dagegen hat helle Beine und einen langen gelben Augenstreif. Der Waldlaubsänger ist oberseits gelbgrün, an der Brust zitronengelb und hat einen breiteren, aber kürzeren Schwanz.

Gartenbaumläufer *(Certhia brachydactyla)*

Dieser kleine, baumbewohnende Sperlingsvogel aus der weit verbreiteten Familie der Baumläufer (Certhiidae) kommt in gemäßigten Wäldern in den wärmeren Regionen Europas und Nordafrikas vor. Man unterscheidet fünf Unterarten mit Verbreitungsgebiet in Westeuropa, Nordafrika, Zypern, Kleinasien und im Kaukasus. Mit ihrer braunen, hell gestrichelten und gefleckten Oberseite, dem rostfarbenen Bürzel und der blassgrauen Unterseite sind sie im Geäst sitzend gut getarnt. Unterscheidungsmerkmal gegenüber anderen kleinen bräunlichen Vögeln ist ihr nach unten gebogener Schnabel, mit dem sie Insekten und andere wirbellose Tiere aus der Baumrinde picken. Mitunter fangen sie ihre Beute auch am Boden. Gartenbaumläufer nisten in Spalten in Baumstämmen oder hinter Rindenschuppen, nutzen aber auch Nistkästen. Die Nistplätze befinden sich überwiegend in alten Bäumen im Tiefland, teilweise aber auch in Höhen zwischen 900 m und 1800 m. Beide Eltern teilen sich die Brutfürsorge.

▼ Maßstab 1:1 Lebensgröße

STECKBRIEF

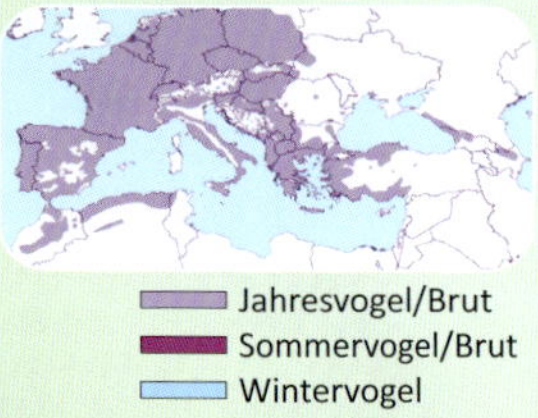

LÄNGE: 12,5 cm

SPANNWEITE: 18 cm

GEWICHT: 7,5–11 g

ALTER: 2–3 Jahre, vielleicht auch 5–6 Jahre

STIMME: Ruf ist ein wiederholtes, schrilles *tih-tih, tih-tih.*

LEBENSRAUM: Lichte Wälder mit großen Bäumen, besonders Eichen; meidet reine Nadelwälder

VERBREITUNG: Wärmere Regionen Europas, Nordafrikas

Gartenbaumläufer sind zwar keine Zugvögel, breiten sich aber außerhalb der Brutzeit gelegentlich in für sie untypische Gebiete aus. Infolgedessen wurden schon Irrgäste dieser Art in England, Schweden, Litauen und auf den Balearen gesichtet.

Obwohl der Gartenbaumläufer dem **Waldbaumläufer** (*Certhia familiaris*) ähnelt, ist er genetisch näher mit dem Amerikabaumläufer (*C. americana*) verwandt. Der Waldbaumläufer indessen hat einen etwas längeren Schnabel, kürzere Hinterzehen, braunere Flanken und weist gleichmäßigere Abstufungen auf dem Flügelband auf.

Nest mit Eiern: tatsächliche Größe

Kohlmeise *(Parus major)*

Die große Familie der Meisen (Paridae) umfasst neben den altweltlichen Arten auch einige nordamerikanische der Gattungen *Baeolophus* und *Poecile*, die – außer in den USA – ebenfalls alle als Meisen bezeichnet werden. Die kleinen Singvögel treten oft in Schwärmen auf und besuchen gern Futterstellen. Sämtliche Arten sind stämmige Waldbewohner mit kräftigem Schnabel und ähnlicher Gestalt. Hauptunterschied ist ihr Gefieder. Sie ernähren sich überwiegend von Insekten, aber auch von Samen und Nüssen und lernen schnell, auch andere Nahrung von Futterspendern anzunehmen. Manche erbeuten sogar überwinternde Zwergfledermäuse. Die Kohlmeise ist in ganz Europa, im Nahen Osten und in den meisten Teilen Asiens verbreitet. Nur in ungewöhnlich strengen Wintern zieht sie weiter südwärts. Charakteristisch sind die blauschwarze Färbung von Oberkopf, Nacken, Hals und Kehle sowie die weißen Wangen und Ohrdecken. Der Rücken ist grünlich, die Brust gelb, unterteilt durch ein schwarzes Band. Die Kohlmeise bewohnt Wälder aller Art, passt sich aber auch an Stadtparks und Hausgärten an. Als Höhlenbrüter zieht sie jährlich meist zwei Bruten auf. Das Weibchen legt zwölf Eier, die es alleine bebrütet. Um das Füttern der Jungen kümmern sich beide Eltern.

Nest mit Eiern: tatsächliche Größe

STECKBRIEF

LÄNGE: 12,5–14 cm

SPANNWEITE: 22,5–25,5 cm

GEWICHT: 13,8–22,1 g

ALTER: 3 Jahre; Rekord: 13 Jahre

STIMME: Männchen sehr stimmgewaltig, mit lieblich flötendem Gesang aus zweistimmigen, wiederholten Phrasen, *zi-zi-bäh, zi-zi-bäh*; geben aber auch scharfe Pfiffe, ein buchfinkenähnliches, metallisches *pink* oder schnarrende, schimpfende Rufe von sich.

LEBENSRAUM: Wälder, Stadtparks und Gärten

VERBREITUNG: Europa, Naher Osten, Asien

Im Winter benötigen Kohlmeisen täglich fast die Hälfte ihres Körpergewichts an Sonnenblumenkernen. Häufig sieht man sie bei der Futtersuche am Boden.

Die attraktive kleine **Blaumeise** (*Cyanistes caeruleus*) wird bis 12 cm lang und kommt in Europa und Teilen des Nahen Ostens in überwiegend gemäßigtem oder mediterranem Klima vor. Ihr Gefieder ist oberseits blau, unterseits zartgelb, das Gesicht weiß mit schwarzer Bänderung. Der Ruf ist ein hohes Tremolo, das in einem hübschen Triller endet.

Die nur 7–9 cm lange **Schwanzmeise** (*Aegithalos caudatus*) ist in ganz Europa und Nordasien von Irland bis Japan verbreitet. Als Insektenfresser vertilgt sie vor allem Raupen, verschmäht im Herbst aber auch Samen nicht. Außerhalb der Brutzeit bilden Schwanzmeisen kleine Schwärme von etwa einem Dutzend Vögeln und besetzen gemeinsam ein Revier, das sie gegen andere Schwärme verteidigen. Bei Kälte wärmen sich die Vögel eines Schwarms gegenseitig. Bisweilen helfen sie einander bei der Aufzucht der Brut.

Tannenmeise

Haubenmeise

Weidenmeise

Sumpfmeise

Weitere Vertreter sind **Tannenmeise** (*Periparus ater*), die die Samen von Nadelhölzern frisst, und **Haubenmeise** (*Lophophanes cristatus*), die sehr agil an Stämme geklammert oder an Ästen hängend nach Nahrung sucht. Zu Beginn des Winters horten sie große Mengen Nahrung für den späteren Verzehr. Der Bestand der **Weidenmeise** (*Poecile montanus*) ist in letzter Zeit rückläufig. Die **Sumpfmeise** (*Poecile palustris*) legt ebenfalls Vorräte an und hat einen größeren Hippocampus (Gedächtniszentrum im Gehirn) als die Kohlmeise.

Stieglitz *(Carduelis carduelis)*

Der auffallend bunt gefärbte Stieglitz ist in Europa, Nordafrika und Westasien heimisch, wurde aber vielerorts eingeführt, etwa nach Australien, Neuseeland, Uruguay und in die USA. Im Erwachsenengefieder hat das Männchen eine rote Gesichtsmaske, schwarze Augenpartie und einen schwarz-weißen Nacken und Hals. Rücken und Flanken sind beigebraun, die Flügel schwarz mit breiter gelber Binde, der Bürzel ist weiß. Das sehr ähnlich gefärbte Weibchen unterscheidet sich nur durch die etwas kleinere rote Gesichtsmaske. Als Nahrung bevorzugt die Art Samen von Karden, Kornblumen und besonders Disteln, weshalb sie auch Distelfink genannt wird. Im Winter besucht sie häufig Futterstellen, zum Füttern der Jungen jagt sie auch Insekten. Das Weibchen baut auf einem dünnen Ast ein kompaktes, unter Blättern verborgenes Nest und legt 4–6 rotbraun gesprenkelte Eier.

STECKBRIEF

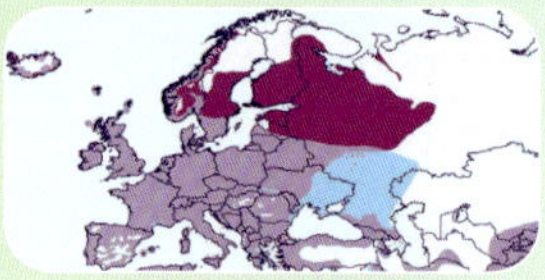

LÄNGE: 12–13 cm

SPANNWEITE: 21–25 cm

GEWICHT: 14–19 g

ALTER: 2,4 Jahre im Schnitt, möglicherweise bis zu 13 Jahre

STIMME: Ruf im Flug ein melodisches *ti-ke-lit*; Gesang ein sehr hohes Potpourri aus Trillern und Zwitschern, meist eingeleitet durch die namensgebende *ti-ke-lit*-Phrase

LEBENSRAUM: Offenes, teilweise bewaldetes Tiefland

VERBREITUNG: Europa, Nordafrika, West- und Zentralasien; eingeführt nach Kanada, in die USA, nach Mexiko, Südamerika, Südafrika, Australien und Neuseeland; einige entfliehen als Zugvögel starker Kälte und schlechtem Wetter

▶ **Jungvogel**

▲ **Maßstab 1:1 Lebensgröße**

▲ **Männchen**

Die zahlreichen Unterarten des Stieglitzes werden in zwei Gruppen unterteilt – die *carduelis*-Gruppe mit schwarzem Hinterkopf im westlichen Teil des Verbreitungsgebiets und die *caniceps*-Gruppe mit graubraunem Hinterkopf im östlichen Teil des Areals. Im Übergangsbereich zeigen die Vögel Merkmale beider Formen.

Küken und Eier: tatsächliche Größe

Verwandte Art

Der **Gimpel** oder **Dompfaff** (*Pyrrhula pyrrhula*) ist in ganz Europa und im gemäßigten Asien verbreitet. Das plakative Männchen dieser stämmigen, »stiernackigen« Art hat eine schwarze Kappe, Rücken und Flügel sind grau und die Unterseite ist rosarot. Im Flug sind der weiße Bürzel und weiße Flügelbinden erkennbar. Gimpel brüten in Mischwäldern sowie in Parks und Gärten. Ihr Ruf ist ein pfeifendes *düüh*.

Verwandte Art

Der kleine **Erlenzeisig** (*Spinus spinus*) ist in Europa, Eurosibirien und Ostasien weit verbreitet. Beim Männchen sind Gesicht und Brust gelb, die Kappe schwarz. Die Oberseite ist graugrün, die Unterseite grau-weiß gestreift. Die schwarzen Flügel haben eine auffallend gelbe Binde, der schwarze Schwanz ist gelb gerandet. Weibchen und Jungvögel sind dezenter gefärbt und haben keine Kappe. Außergewöhnlich ist das Zugverhalten: In manchen Wintern ziehen sie in großen Schwärmen nach Süden – warum, ist noch unklar.

Weil Stieglitze die Samen der Kratzdistel fressen, werden sie mit den Leiden Christi und der Dornenkrone assoziiert. Auf Gemälden der Renaissance verkörpern sie symbolisch die Vorahnung der Kreuzigung.

Trauerschnäpper *(Ficedula hypoleuca)*

Die Fliegenschnäpper (Muscicapidae) bilden eine Familie kleiner bis mittelgroßer Singvögel mit aufrechter Körperhaltung und breitem, gut zum Insektenfang geeignetem Schnabel. Ihr Gefieder ist variabel – viele sind mattbraun, andere leuchtend bunt. Sie benötigen Lebensräume mit Bäumen, von offenem Buschland bis hin zu dichten Wäldern, und und bauen ihre Nester auf Ästen oder Felsvorsprüngen. Neben den Schnäppern gehören zu dieser Familie auch Rotkehlchen, Rötel, Heckensänger, Nachtigallen, Steinschmätzer und Rotschwänze. Der hier vorgestellte Trauerschnäpper ist eine von vier schwarz-weißen Fliegenschnäpper-Arten der Westpaläarktis. In gewissem Umfang hybridisiert er mit dem sehr ähnlichen Halsbandschnäpper. Im Prachtkleid sind Männchen oberseits überwiegend schwarz mit kleinem weißen Fleck über dem Schnabel und einem großen auf den Flügel, der Schwanz ist weiß gerandet, die Unterseite ist weiß. Das ausgedehnte Verbreitungsgebiet der großen Population erstreckt sich über viele Länder Europas, Teile des westasiatischen Russlands und Nordafrika. Trauerschnäpper erbeuten Insekten und andere Gliederfüßer am Boden, in der Luft oder picken sie von Baumstämmen und Ästen.

Die Familie der Fliegenschnäpper (Muscicapidae) umfasst 357 Arten, die alle in der Alten Welt verbreitet sind. Nicht näher mit ihnen verwandt sind die wegen ihres teilweise oberflächlich recht ähnlichen Aussehens als »Neuweltfliegenschnäpper« bezeichneten Tyrannen (Tyrannidae), die in Nord- und Südamerika zu Hause sind. Mit über 440 Arten bilden die Tyrannen die weltweit größte Familie der Vögel.

STECKBRIEF

LÄNGE: 12–13,5 cm

SPANNWEITE: 22–24 cm

GEWICHT: 10–15 g

ALTER: Maximal 9 Jahre

STIMME: Ruf ist ein kurzes, metallisches *pik*; Gesang eine fröhliche, auf- und absteigende Tonfolge, *tsi-writsü-writsü.*

LEBENSRAUM: Laubwälder, Parks und Gärten; bevorzugt insbesondere Eichen

VERBREITUNG: Weite Teile Europas und der westlichen Paläarktis, nördliches Afrika; überwintert im tropischen Afrika

▶ Maßstab 1:1 Lebensgröße

Männchen ▶

Männchen im Schlichtkleid

Brütendes Weibchen im Nest

◀ Weibchen

Eier: tatsächliche Größe

Jungvogel

Verwandte Art

Das bezaubernde **Schwarzkehlchen** (*Saxicola rubicola*) wurde früher zu den Drosseln gestellt, wird heute aber zur Familie der Fliegenschnäpper gerechnet. Es lebt in offenen Landschaften, besonders Heideflächen mit Ginster, Mooren, verkrauteten Wiesen, verbuschten Sumpfrändern und auf Magerwiesen. Oft sieht man es auf Büschen und Zäunen hocken. Von dort fliegt es kurz auf den Boden, um Beute zu machen, und kehrt dann wieder zu seiner Sitzwarte zurück. Das Männchen hat einen schwärzlichen Kopf mit weißem Halsfleck und eine orange Brust. Der Gesang ist ein recht monotones Pfeifen, charakteristisch sind zudem harte, kurze Schnalzlaute. Weitere ähnlich gefärbte Vertreter der Familie sind der **Gartenrotschwanz** (*Phoenicurus phoenicurus*) und der **Zwergschnäpper** (*Ficedula parva*).

Rotkehlchen *(Erithacus rubecula)*

Das kleine Rotkehlchen gehört zur Unterfamilie der Rötel in der Familie Fliegenschnäpper (Muscicapidae). Mit seiner rundlichen, orangeroten Brust ist der zutrauliche Vogel unverkennbar und sehr beliebt. Das Gesicht ist grau gesäumt, die Oberseite braun und der Bauch weiß, Schnabel und Augen sind schwarz. Beide Geschlechter haben ein ähnliches Gefieder, Jungvögel sind braun-weiß gefleckt. Die charakteristische Brustfärbung tritt erst allmählich in Erscheinung. Das Verbreitungsgebiet der Art erstreckt sich über ganz Europa, West- und Zentralasien sowie Nordafrika. Dort bewohnt sie Wälder, Buschland, boreale Nadelwälder, gemäßigte Laub- und Mischwälder, mediterrane Wälder, gemäßigtes Grasland und tropische Feuchtwälder. Rotkehlchen ernähren sich hauptsächlich von wirbellosen Tieren wie Spinnen, Würmern und Insekten. Im Herbst und Winter verzehren sie auch Beeren und Früchte. Bei der Wahl des Nistplatzes sind sie nicht wählerisch und bauen ihr Nest in Felsspalten, an Flussufern, in Maschinenteilen, Grills, ausrangierten Kesseln, Gießkannen, Blumenampeln, Nistkästen oder sogar in Vertiefungen im Boden.

STECKBRIEF

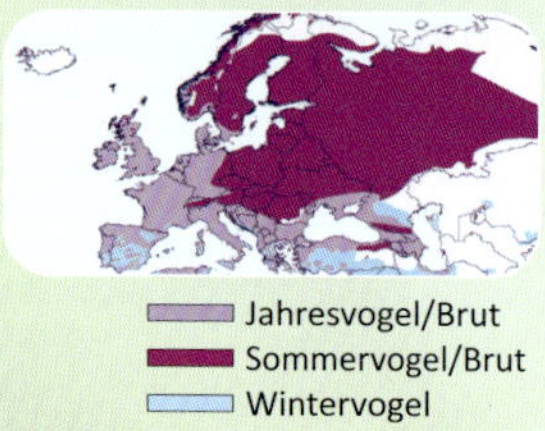

LÄNGE: 12,5–14 cm

SPANNWEITE: 20–22 cm

GEWICHT: 16–22 g

ALTER: 1–19 Jahre

STIMME: Gesang zur Brutzeit eine Abfolge aus hohen, wehmütig klingenden Tönen, die mit perlender Strophe endet; im Winter singen beide Geschlechter.

LEBENSRAUM: Wälder, Mischwälder, Buschland, Grasland

VERBREITUNG: Europa, West- und Zentralasien, Nordafrika

Männchen ▶

▲ Maßstab 1:1 Lebensgröße

Magnetsinn

Dieser nützliche Sinn ermöglicht, das Magnetfeld der Erde wahrzunehmen, und kommt bei manchen Wirbeltieren, Weichtieren und Gliederfüßern vor. Bei Vögeln wird der Magnetkompass durch das ins Auge fallende Licht aktiviert. Er dient zur Orientierung, Navigation und möglicherweise zur Erstellung regionaler Karten und wurde an Rotkehlchen eingehend erforscht.

Volkstum und Legenden

In der nordischen Mythologie waren Rotkehlchen Vögel der Sturmwolken und dem Donnergott Thor heilig. Auch in religiösen Mythen kommen sie vor. Einer Legende zufolge sang ein brauner Vogel bei der Kreuzigung Jesu, um ihn zu trösten. Dabei befleckte ein Tropfen Blut seine Brust und färbte sie tiefrot. Laut einer Weihnachtsgeschichte drohte das Feuer im kalten Stall zu Bethlehem auszugehen und ein Rotkehlchen fachte die Glut mit seinen Flügeln an, um das Jesuskind warmzuhalten. Dabei versengten die Flammen seine Brust und färbten sie orangerot. Rotkehlchen gelten als Symbol für Hoffnung, Trost, Fürsorge, Glück und eine lange Ehe. Sie sollen auch Botschaften von verstorbenen geliebten Menschen überbringen. In manchen Kulturen gelten sie jedoch als Zeichen für den Tod und singen an Grabstellen ihr Klagelied.

In Gärten sind Rotkehlchen ein vertrauter Anblick, wenn sie in umgegrabener Erde eifrig nach Würmern und Insekten suchen. Gewöhnlich sind sie tagaktiv, ab und an jagen sie aber auch nachts bei Mondschein oder Kunstlicht Insekten.

Eier: tatsächliche Größe

Hungrige Küken

Jungvogel

Mehlschwalbe *(Delichon urbicum)*

Diese Zugvögel aus der Familie der Schwalben (Hirundinidae) brüten von Natur aus in Nischen und unter Vorsprüngen von Felswänden, haben sich aber an künstliche Strukturen wie Brückenpfeiler oder Dachtraufen angepasst. Dort bauen sie ihr Lehmnest an der Verbindungsstelle zwischen der senkrechten Wand und einem Überhang, wodurch es von beiden Seiten gestützt wird, und polstern es mit Gras aus. Es gibt aber auch noch an natürlichen Klippen brütende Kolonien, etwa an den Kreidefelsen der Insel Rügen. Mehlschwalben fangen Insekten im Flug, während der Brutzeit überwiegend Fliegen und Blattläuse. In ihren Überwinterungsgebieten erbeuten sie Hautflügler – Wespen, Bienen und Ameisen (insbesondere fliegende). Ihr Gefieder ist oberseits tief stahlblau, Bürzel, Bauch und Flügelunterseiten sind weiß. Die weißen Flaumfedern an den kurzen rosa Beinen erinnern an Pluderhosen. Die Augen sind braun, der Schnabel ist schwarz. Männchen und Weibchen ähneln einander, Jungvögel sind rußschwarz.

In der Heraldik ähnelt der Mauersegler einer Mehlschwalbe. Dieser Vogel hat sehr kurze befiederte Beine und landet nur extrem selten. Daher diente er häufig dazu, den vierten Sohn eines Adligen zu kennzeichnen, der oft kein Land besaß. Der Mauersegler symbolisierte außerdem Schnelligkeit und tauchte in zahlreichen Wappen auf.

STECKBRIEF

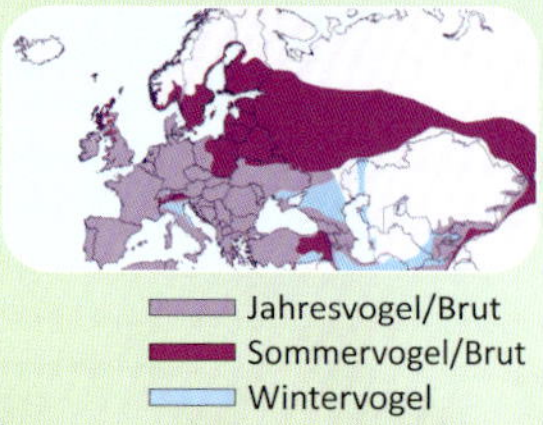

LÄNGE: 13 cm

SPANNWEITE: 26–29 cm

GEWICHT: 18 g

ALTER: 5 Jahre im Schnitt; mitunter 10 oder sogar 14 Jahre

STIMME: Ruf im Flug klingt wie *brrit* oder *schrrip* (als würde man 2 Kiesel aneinanderreiben); Gesang ist ein sanftes, schwatzendes Zwitschern.

LEBENSRAUM: Sucht über verschiedenen offenen und halboffenen Flächen wie Gewässern und Feldern nach Nahrung

VERBREITUNG: Brütet in Europa, Nordafrika und in der westlichen Paläarktis; überwintert in Afrika südlich der Sahara

▲ Maßstab 1:1 Lebensgröße Männchen und Weibchen

Nest unter einem Dachsims

Jungvogel

Ei: tatsächliche Größe

Mehlschwalben hybridisieren nachweislich regelmäßig mit Rauchschwalben. Dies ist eine der häufigsten zwischenartlichen Kreuzungen von Sperlingsvögeln.

Verwandte Art

Die **Felsenschwalbe** (*Ptyonoprogne rupestris*) ist ein kompakter, kräftiger Vertreter der Schwalben und misst 13–15 cm. Ihr Verbreitungsgebiet reicht von der Iberischen Halbinsel bis nach Nordafrika und östlich bis China. Sie ist oberseits aschbraun, unterseits heller. Körper, Flügel und Schwanz sind breiter als bei anderen europäischen Schwalben. Im Flug wechselt sie zwischen schnellem Schlagflug und Gleitflugphasen und manövriert geschickt um Klippen herum. Die drei anderen nah verwandten Arten der Gattung sind **Wüstenschwalbe** (*P. obsoleta*), **Steinschwalbe** (*P. fuligula)* und **Einfarbschwalbe** (*P. concolor)*.

Vögel beobachten in Deutschland

ETWAS ZURÜCKGEBEN
Das Positive am Ökotourismus: Wenn Vogelbeobachter Naturräume anderer Länder bereisen, tragen sie mit ihren Ausgaben dazu bei, die lokale Wirtschaft anzukurbeln, und schaffen einen Anreiz, dass gefährdete Naturgebiete wertgeschätzt und erhalten werden.

Vögel zu beobachten, häufig »Birding« genannt, ist seit Jahrzehnten eine beliebte Outdoor-Aktivität. In letzter Zeit hat das Interesse daran noch zugenommen. Gingen früher vor allem Menschen über 50 dieser Passion nach, sind es mittlerweile auch jüngere Generationen wie Millennials, Teenager und sogar ältere Kinder. Infolgedessen verschiebt sich die Demografie der Vogelbeobachter von eingefleischten, perfekt ausgerüsteten Enthusiasten hin zu eher lockeren, aber nicht minder eifrigen Beobachtern.

Rund 20 Prozent der Menschen, die Europa bereisen, sind an Naturtourismus interessiert – und ein Großteil davon sind »Birder«. Deutschland ist neben Großbritannien und den Niederlanden bei Vogelbeobachtern besonders beliebt, sowohl bei Einheimischen als auch bei Ökotouristen. Dank seiner vielfältigen Landschaften und Klimata, von maritim bis kontinental, kann man in Deutschland eine große Vielfalt an Vögeln beobachten. Die letzte Zählung vom Wattenmeer bis zu den Alpen ergab 527 Arten. Einige Arten kommen hier ganzjährig vor, während andere aus kälteren Regionen hierher ziehen, um zu brüten. In Deutschland gibt es auch eine Reihe von »Hotspots«, an denen sich besonders viele bei Beobachtern begehrte Arten versammeln.

WAS MAN ZUR VOGELBEOBACHTUNG BRAUCHT

Wenn Sie als Anfänger auf Vogelbeobachtungstour gehen möchten, sollen Ihnen folgende wertvolle Tipps helfen, wichtige Kenntnisse zu erwerben und mehr aus Ihrem Erlebnis zu machen.

- Besorgen Sie sich ein Bestimmungsbuch mit Farbfotos oder detaillierten Abbildungen der Vögel des Gebiets, in dem Sie beobachten wollen. Viele haben einen flexiblen, wasserfesten Einband und sind problemlos in einem Rucksack zu verstauen.

- Ein hochwertiges Fernglas ist unverzichtbar, um weiter entfernte Vögel am Himmel oder zwischen Laub erkennen zu können. Gewöhnlich reicht ein Vergrößerungsfaktor von 7 × 35 oder 8 × 42 aus. Schauen Sie nach einem kleinen, leichten Feldstecher.

- Spektive sind Fernrohre mit nur einer Linse, aufgestellt auf einem Stativ zur Langzeitbeobachtung. Sie eignen sich besonders zum Beobachten ziehender Wasservögel oder aus einem Beobachtungsversteck. Ihre Vergrößerung reicht von 20- bis 80-fach.

- Der nächste Schritt nach der Beobachtung ist, die Vögel zu fotografieren. Geeignete Teleobjektive sind vielen Hobbyfotografen zu teuer. Mit einer Digitalkamera am Spektiv – Digiskopie genannt – gelingen aber ebenfalls schöne Detailaufnahmen.

DIE BESTEN ZIELE ZUR VOGELBEOBACHTUNG
Nachfolgend eine Liste empfohlener Gebiete in Deutschland, an denen sich einheimische Arten und Zugvögel beobachten lassen und man zudem die unberührte Natur der Region erkunden kann.

NATIONALPARKS/NATURPARKS Diese wertvollen Parks sind nicht nur für ihre beeindruckenden Landschaften, sondern auch für ihre Vogel- und Tierwelt bekannt. Besonders besuchenswert sind die Nationalparks Sächsische Schweiz, Harz, Eifel, Berchtesgaden und Jasmund auf Rügen sowie die Naturparks Südschwarzwald und Schwarzwald Mitte/Nord.

HIDDENSEE Die Insel Hiddensee ist berühmt für ihre Vogelwelt. Mit ihren Seen, Wiesen und Wäldern zählt sie zu den besten Plätzen in Deutschland, um Vögel zu beobachten.

HELGOLAND Auf dieser Hochseeinsel in der Nordsee gibt es den einzigen Vogelfelsen Deutschlands mit Brutkolonien von Trottellummen, Basstölpeln und Dreizehenmöwen. Zudem kann man hier zur Zugzeit unzählige ziehende Sing- und Watvogelarten beobachten.

REGION STRALSUND/GREIFSWALD Dieses Gebiet an der Ostseeküste bietet Lagunen, Sümpfe, Wälder und Wiesen und zieht zahlreiche Vogelarten an, darunter Scharen ziehender Kraniche, Entenvögel und Watvögel.

WATTENMEER Im Bundesland Niedersachsen liegt zwischen den Flüssen Ems und Elbe eines der größten Schutzgebiete Europas, der Nationalpark Wattenmeer mit einzigartigen Schlickflächen.

HESSEN Der Nationalpark Kellerwald-Edersee ist eine Reise wert. Hier sind die meisten heimischen Spechtarten zu beobachten (Schwarz-, Grün-, Grau-, Bunt-, Mittel- und Kleinspecht), zudem verschiedene Eulen (Uhu, Raufuß-, Wald- und Sperlingskauz), Habicht und Schwarzstorch. An Wildtieren finden sich hier Baummarder, Wildkatze und gelegentlich sogar Luchs oder Wolf.

RIESELFELDER MÜNSTER Dieses europäische Vogelschutzgebiet ist ein beliebtes Ziel zur Beobachtung von Wat- und Wasservögeln. Von einem Beobachtungsturm aus lassen sich Zugvögel beobachten.

STEINHUDER MEER Dieser See nordwestlich von Hannover gilt zu allen Jahreszeiten als fantastischer Ort für Vogelbeobachtungen. Aus hohen Beobachtungshütten kann man den Schilfgürtel überblicken.

BAYERN In diesem Bundesland sind alle mitteleuropäischen Gebirgsarten zu finden. Weiterhin tragen ausgedehnte, abwechslungsreiche Feuchtgebiete zum Artenreichtum bei. Ziele sind die Allgäuer Alpen, Altmühl- und Brombachsee, Starnberger, Ammer- und Chiemsee, die Donau zwischen Regensburg und Deggendorf, Echinger, Moosburger und Ismaninger Stausee sowie das Zugspitzgebiet.

- Wenn Sie sich zunächst Aufnahmen der Stimmen der lokal vorkommenden Vögel anhören und mit ihnen vertraut machen, erkennen Sie auch versteckte Arten. Webseiten für Birder bieten viele Tutorials zu Vogelstimmen an.

- Ist man häufiger auf Beobachtungstour, empfiehlt es sich, eine Checkliste oder ein Tagebuch anzulegen und die gesichteten Arten mit Datum, Uhrzeit und Ort zu notieren.

Mönchsgrasmücke *(Sylvia atricapilla)*

Diese häufige, weit verbreitete Art gehört zur großen Familie der Grasmückenartigen (Sylviidae). Männliche Mönchsgrasmücken haben einen olivgrauen Rücken, einen heller grauen Nacken und eine scharf abgegrenzte schwarze Kappe. Das Hellgrau des Bauchs geht an oberer Brust, Kehle und Kinn in ein silbriges Weiß über. Der Schwanz ist dunkelgrau, mit olivfarbener Tönung an den Außenrändern der Federn. Schnabel und Beine sind grau. Weibchen ähneln den Männchen, haben aber eine rotbraune Kappe und das Grau am Rücken geht mehr ins Bräunliche. Die Art ist in ganz Europa, Westasien und Nordwestafrika verbreitet und zieht bis nach Afrika südlich der Sahara. Sie bevorzugt ältere Laubwälder mit ausgeprägter Strauchschicht. Auch Parks, große Gärten und verwilderte Hecken sind beliebt, sofern es hohe Bäume als Singwarten und dichten Unterwuchs gibt. Während die Vögel zur Brutzeit überwiegend Insekten fressen, stellen sie sich im Spätsommer auf Früchte um. Nach dem Frühjahrszug ernähren sie sich zunächst von Beeren, Pollen und Nektar, solange Insekten noch knapp sind. Ihre Insektenbeute – vor allem Blattläuse, Fliegen, Käfer und Raupen – picken sie von Blättern, jagen aber auch im Flug oder am Boden. Kleine, im Ganzen gefressene Schnecken liefern Kalzium für harte Eischalen.

STECKBRIEF

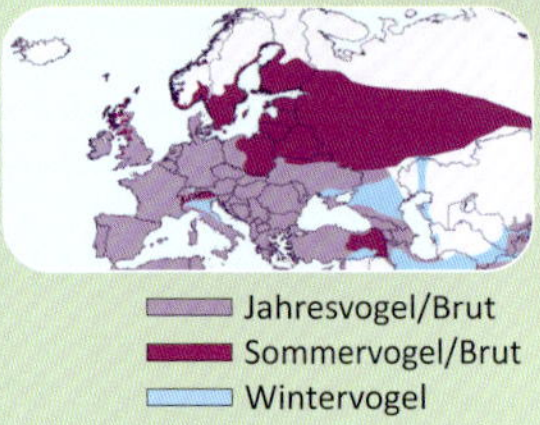

LÄNGE: 13 cm

SPANNWEITE: 20–23 cm

GEWICHT: 16–25 g; vor dem Zug 31 g

ALTER: 2 Jahre im Schnitt; Rekord: 13 Jahre

STIMME: Gesang des Männchens ist ein kräftiges, melodisches Flöten, häufig in einem lauten, hohen Crescendo endend; kann bis zu 30 Sekunden lang sein.

LEBENSRAUM: Alte Laubwälder mit dichtem Unterwuchs; Parks, große Gärten, verwilderte Hecken

VERBREITUNG: Brütet in Europa, Westasien und Nordwestafrika; überwintert in Afrika südlich der Sahara

Verwandte Art

Die engste Verwandte der Mönchsgrasmücke ist die schlicht gefärbte **Gartengrasmücke** (*Sylvia borin*), ein 14 cm messender Vogel mit langen Flügeln und langem Schwanz. Oberseits ist sie einfarbig olivbraun, unterseits bräunlich weiß. Ein weißlicher Augenring umgibt die Augen, Kehle und Flanken zeigen einen Anflug von Gelbbraun. Ursprünglich waren die beiden ein altes Artenpaar, das sich vor etwa 12–15 Mio. Jahren vom Rest der Gattung abspaltete. Im Laufe der Zeit entwickelten sich die Arten so sehr auseinander, dass man sie in getrennte Untergattungen stellte – *Sylvia* (M.) bzw. *Epilais* (G.).

◀ **Maßstab 1:1 Lebensgröße**

◀ **Weibchen**

In mehreren europäischen Ländern wurden bisher Fossilien und Subfossilien der Mönchsgrasmücke gefunden. Das auf rund 1,2 Mio. Jahre datierte älteste Exemplar stammt aus dem frühen Pleistozän aus Bulgarien. Die Gattung *Sylvia* selbst entstand Fossilfunden aus Frankreich zufolge vor mindestens 20 Mio. Jahren.

Nest und Eier: tatsächliche Größe

Mutter mit hungrigen Küken

◀ **Männchen**

Bedauerlicherweise werden Mönchsgrasmücken und andere Kleinvögel in den Mittelmeerländern, besonders im Libanon, in Syrien, Palästina, Malta, Libyen, Ägypten und Zypern, in großer Zahl illegal gejagt und gefangen und als Delikatesse verspeist.

Mönchsgrasmücken-Männchen singen auch nach der Balz und während des Brütens weiter, insbesondere bei den zweiten Bruten. Vermutlich dient die Gesangsdarbietung der Stabilisierung der Paarbindung.

In Poesie und Kultur

Der einnehmende Gesang der Mönchsgrasmücke hat schon seit Langem die Fantasie beflügelt. Im englischen Sprachraum wird sie deswegen auch als »Spottnachtigall« bezeichnet. Der Dichter John Clare beschreibt in »The March Nightingale« (»Die Märznachtigall«) die Überzeugung eines Zuhörers, die seltenere Art sei zu früh eingetroffen. Er hält inne und denkt, die Nachtigall habe sich in den Monaten verzählt. Ihr Gesang ist auch Thema des italienischen Dichters Giovanni Pascoli in »La Capinera« (»Die Mönchsgrasmücke«). Ihren Namen erhielt die Art, weil die schwarze Kappe an die Kopfbedeckung von Mönchen erinnert. Regional wird sie volkstümlich auch »Schwarzkapperl« oder »Schwarzplattl« genannt.

Teichrohrsänger *(Acrocephalus scirpaceus)*

Dieser schlanke kleine Singvogel aus der Familie der Rohrsängerartigen (Acrocephalidae) ist in Europa, Nordafrika und Teilen Asiens weit verbreitet. Wie sein Name vermuten lässt, bevorzugt er Lebensräume mit Röhrichten, Sümpfen und Feuchtgebieten. Sein Gefieder ist oberseits einfarbig braun und unterseits heller gelbbraun. Die Beine sind dunkelbraun oder gräulich, der spitze Schnabel ist bestens geeignet zum Fang von Insekten. Auf dem Speiseplan stehen Insekten, Spinnen und andere kleine Wirbellose, gelegentlich auch Samen und Beeren. Bevor man diese Vögel im Röhricht entdeckt, hört man meist schon ihren charakteristischen, schwatzenden Gesang. Er spielt eine wichtige Rolle für die Revierverteidigung und das Anlocken einer Partnerin. Die Art brütet in gemäßigten Regionen und überwintert in Afrika südlich der Sahara.

STECKBRIEF

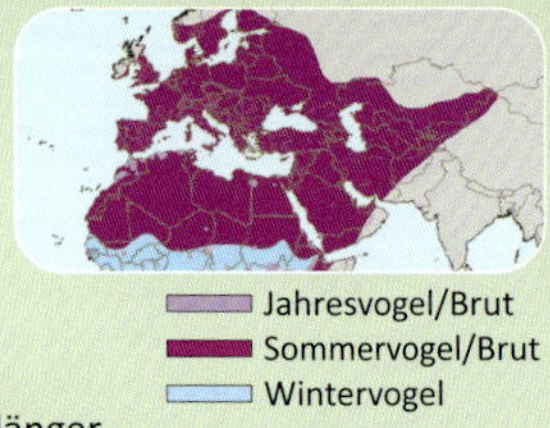

LÄNGE: 12–13 cm

SPANNWEITE: 17–21 cm

GEWICHT: 10–15 g

ALTER: Rund 2–3 Jahre; bei idealen Bedingungen auch länger

STIMME: Kräftiger, rhythmischer, sich wiederholender Gesang, oft in der Brutzeit zu hören: *tiri tiri treck treck treck tiri tschäk tschäk*

LEBENSRAUM: Schilfgürtel, Sümpfe, Feuchtgebiete und dichte Vegetation in Wassernähe

VERBREITUNG: Europa, Westasien und Nordafrika; überwintert in Afrika südlich der Sahara

Trotz Lebensraumverlusten durch Trockenlegung von Feuchtgebieten, Entwässerung und Zerstörung von Röhrichten ist die Population der Art stabil und diese als »nicht gefährdet« gelistet.

Eier im napfförmigen Nest

Eier: tatsächliche Größe

Flügger Jungvogel

◀ **Maßstab 1:1 Lebensgröße**

Brutzeit

Die Brutzeit erstreckt sich von Spätfrühling bis Sommer. Das Weibchen flicht zwischen Schilfhalme ein tiefes, napfförmiges Nest und legt 3–5 Eier hinein. Beide Eltern beteiligen sich an der Fütterung der Küken. Der Teichrohrsänger ist häufige Wirtsart für den **Kuckuck** (*Cuculus canorus*). Dieser Brutparasit legt seine Eier in Rohrsängernester und bringt so die fremden Eltern dazu, die stattlichen Kuckucksküken aufzuziehen.

Fütterung eines Kuckuckskükens

Verwandte Art

Dem Teichrohrsänger ähnlich ist der **Schilfrohrsänger** (*Acrocephalus schoenobaenus*), mit braun gestreiftem Rücken und Flügeln und hellerer Unterseite. Sein schwarz gestreifter Scheitel unterscheidet ihn von seinem Vetter. Zum Überwintern verlässt dieser Zugvogel seine Brutgebiete in Asien und Europa und zieht nach Afrika südlich der Sahara. Der Verlust von Feuchtgebieten zur Nahrungsaufnahme auf dem Zugweg und die Ausdehnung der Sahara stellen Bedrohungen für seine Brutpopulation dar.

Hausrotschwanz *(Phoenicurus ochruros)*

Dieser kleine, vorwitzige Singvogel aus der Familie der Fliegenschnäpper (Muscicapidae) bevorzugt felsige Lebensräume, offene, vegetationsarme Landschaften und Siedlungsgebiete, denn im Gegensatz zu anderen Rotschwanz-Arten hat er sich gut an menschliche Umgebungen angepasst. Häufig sieht man Hausrotschwänze auf Gebäuden, Mauern und Felswänden sitzen. Ausgeprägt ist ihr Geschlechtsdimorphismus – die Männchen haben ein unverwechselbares dunkelgraues bis schwarzes Gefieder mit auffälligem rostrotem Schwanz, den Weibchen und Jungvögel zwar ebenfalls besitzen, ansonsten sind sie aber bräunlich grau. Die Vögel ernähren sich von Insekten, Spinnen und anderen kleinen Wirbellosen, verschmähen aber auch Beeren und Samen nicht, vor allem in den kälteren Monaten. Sie sind sogenannte Teilzieher: Die nördlichen Populationen ziehen im Herbst nach Süden, in milderen Regionen bleiben sie das ganze Jahr über. Hausrotschwänze brüten in Felsspalten, an Gebäuden oder auf Felsen und legen pro Gelege 4–6 Eier. Die Küken werden von beiden Eltern gemeinsam aufgezogen.

STECKBRIEF

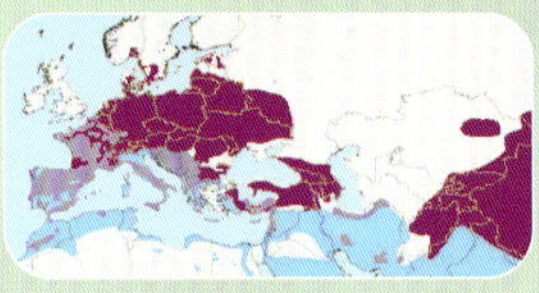

LÄNGE: 13–15 cm

SPANNWEITE: 23–26 cm

GEWICHT: 12–20 g

ALTER: 2–5 Jahre in der Natur, Höchstalter ungefähr 8 Jahre

STIMME: Unverwechselbar knirschender Gesang; auf ein *jirr tititi* folgen nach einer Pause ein kratzender Mittelteil und ein modulierender Schlussabschnitt, *krchrch-tütititi.*

LEBENSRAUM: Felsiges Gelände, Klippen, offene Landschaften, Siedlungsräume

VERBREITUNG: Brütet in Europa, Nordafrika, Zentral- und Südasien; überwintert in Südeuropa, Nordafrika, im Nahen Osten und in Teilen Südasiens

◀ Männchen

◀ Weibchen

▲ Maßstab 1:1
Lebensgröße

Der unerschrockene Vogel hält sich kaum verborgen und ist leicht an seinem offen vorgetragenen Gesang zu erkennen, der zum Charme vieler ländlicher Siedlungen beiträgt.

Eier: tatsächliche Größe

Küken im Nest

Flügger Jungvogel

◀ **Maßstab 1:1 Lebensgröße**

◀ **Weibchen**

Trotz Lebensraumverlusts in manchen Gebieten, Klimawandel und Urbanisierung ist die Population dieser Art stabil geblieben, sodass sie weiterhin als »nicht gefährdet« eingestuft ist.

Heckenbraunelle *(Prunella modularis)*

Dieser zierliche Singvogel ist ein Vertreter der kleinen Gattung *Prunella* in der Familie Braunellen (Prunellidae). Die Art kommt im gesamten gemäßigten Europa vor und bewohnt weite Teile Westeurasiens, darunter den Libanon, Nordiran und den Kaukasus. Nach Neuseeland wurde sie eingeführt. Während alle ihre Verwandten Bergregionen besiedeln, kommt sie als einzige Art der Familie bei kühlerem Wetter häufig in Niederungen vor. Oberflächlich ähnelt sie dem nicht verwandten Haussperling und ist unterseits bräunlich, oberseits gestrichelt, zeichnet sich aber durch einen schmalen, spitzen Schnabel aus. Beide Geschlechter sind ähnlich gefärbt und haben einen grauen Kopf. Ihr unscheinbares Gefieder dient vermutlich der Tarnung vor Feinden. Von ähnlichen Arten unterscheidet sie sich durch ihr hektisches Zucken und Schlagen mit den Flügeln, das besonders bei der Revierverteidigung und bei der Balz zu beobachten ist. Heckenbraunellen halten sich bevorzugt in Höhenlagen weit oberhalb der Baumgrenze, aber unterhalb der Schneegrenze auf. Im Sommer ernähren sie sich in der Regel von bodenlebenden Insekten, im Winter zusätzlich von Samen und Beeren. Bisweilen nehmen sie auch kleine Steinchen oder Sand auf, die ihnen helfen, die Samen im Magen zu zerkleinern.

Nest und Eier: tatsächliche Größe

Jungvogel

PAARBEZIEHUNGEN

Von Einehe bis zu Polygamie kommt bei Heckenbraunellen alles vor. Manche Männchen paaren sich mit mehreren Weibchen, manche Weibchen mit mehreren Männchen.

STECKBRIEF

LÄNGE: 13–14 cm

SPANNWEITE: 20 cm

GEWICHT: 16–25 g

ALTER: Bis zu 8 Jahre

STIMME: Ruf ist ein anhaltendes *dsiit*; der dünne, klirrende Gesang mit schneller Tonfolge erinnert an das Klirren eines Schlüsselbunds.

LEBENSRAUM: Heideflächen, Moore, Wälder, Agrarland, Städte, Gärten

VERBREITUNG: Westliches Eurasien einschließlich Gebiete im Nahen Osten; in Neuseeland eingeführt

▼ Maßstab 1:1 Lebensgröße

Verwirrende braune Kleinvögel

Unerfahrene Vogelbeobachter sind oft frustriert wegen der schieren Anzahl kleiner brauner Vogelarten in Wald und Feld. Handelt es sich um Sperlinge, Zaunkönige, Finken oder Grasmücken? Erschwerend kommt hinzu: Im Winter bilden diese Vögel oft gemischte Schwärme. Das unscheinbar braune oder graubraune Gefieder bietet aber einen Vorteil – es tarnt diese kleinen, schutzlosen Arten. Das Positive für Vogelbeobachter ist, dass sie an diesen Vögeln gut üben können, zur Artbestimmung auf Details wie Augenstreifen, Schnabel-, Beinfärbung oder Brustzeichnung zu achten.

Außer zur Nahrungssuche sind diese Vögel eher Einzelgänger. Oft verstecken sie sich scheu im Unterholz und bleiben selbst bei Störungen am Boden, bis sie einen Unterschlupf finden.

◀ **Männchen und Weibchen** ▶ **bei der Balz**

Kleiber *(Sitta europaea)*

Der Kleiber aus der gleichnamigen Familie (Sittidae) ist ein kleiner Singvogel und in der gesamten Paläarktis von Iberien und England bis nach Japan und Korea verbreitet. Typisch für die Arten der Familie sind ein großer Kopf, ein kompakter Körper und kurzer Schwanz, ein kräftiger Schnabel und kräftige Beine sowie lange, spitze Flügel. Wie viele seiner Verwandten hat auch der männliche Kleiber ein bläulich graues Rückengefieder, zudem eine weißliche Kehle, einen orangebraunen Bauch und Flanken sowie einen schwarzen Augenstreif. Die Weibchen sind etwas matter gefärbt, Rücken und Bauch sind blasser, der Augenstreif ist bräunlich. Das vielleicht auffallendste Merkmal des Kleibers ist seine Art der Nahrungssuche. Auf der Jagd nach Beute an Baumrinde bewegt er sich behände am Stamm aufwärts, seitwärts, selbst kopfüber abwärts und im Zickzack. Dabei klammert er sich mit seinen langen Zehen und Krallen sicher an der Rinde fest. Kleiber ernähren sich von Insekten, vor allem Raupen und Käfern, im Winter ergänzt durch Samen und Nüsse, wie Bucheckern und Haselnüsse. An Futterstellen lieben sie besonders Fettfutter und Brotreste.

▼ Weibchen

STECKBRIEF

LÄNGE: 14 cm

SPANNWEITE: 22–27 cm

GEWICHT: 17–28 g

ALTER: 2–3 Jahre; möglicherweise auch älter

STIMME: Ruf ist ein wiederholtes, lautes *twett* oder *twiht.*

LEBENSRAUM: Laub- und Mischwälder mit großen, alten Bäumen, bevorzugt Eichen

VERBREITUNG: Weite Teile Europas, mediterraner Naher Osten und Asien bis zum Pazifik

Nahrungsvorräte für den Winter

Kleiber werden auch Spechtmeisen genannt, weil sie im Aussehen Meisen ähneln und wie Spechte große Samen oder Nüsse in einen Spalt klemmen und dann mit dem Schnabel aufmeißeln. Die cleveren Vögel verstecken auch Samen in Rindenspalten, in Mauerritzen oder im Boden und tarnen ihr Versteck mit Flechten, Moos oder Rindenstückchen. Selbst Raupen, Engerlinge, zerquetschte Larven und sogar Brotstücke werden versteckt. Auf diese Vorräte greifen sie dann bei Nahrungsknappheit im Winter zurück.

Eier: tatsächliche Größe

Küken

Jungvogel

Die Populationen des Kleibers sind stabil. In jüngster Zeit hat er Schottland und die Niederlande besiedelt und sein Areal in Wales, Nordengland, Norwegen und im Atlasgebirge in Nordafrika ausgedehnt. Durch Abholzung alter Wälder kann es aber lokal zu Bestandsverlusten kommen.

◀ Männchen

◀ **Maßstab 1:1 Lebensgröße**

Innerhalb seines ausgedehnten Areals von Europa bis Asien zeigt der Kleiber auffällige Unterschiede zwischen den Unterarten. Infolge der Anpassung an die lokalen Gegebenheiten differieren diese in Gefiederfärbung, Größe und teils auch in ihren Rufen. Das Gefieder der britischen Unterart ***Sitta europaea britannica*** ist z. B. sehr kräftig gefärbt, das der in östlicheren Regionen vorkommenden ***S. e. asiatica*** deutlich blasser. Die Färbung der Unterseite variiert von cremefarben bei ***S. e. caesia*** (oben) bis zu den Gelbraun- und Rottönen von ***S. e. persica***. Auch geografische Größenunterschiede sind zu beobachten. Im Allgemeinen sind die nördlichen Unterarten wie ***S. e. arctica*** größer als weiter im Süden verbreitete wie ***S. e. cisalpina***. Diese geringfügigen Abweichungen innerhalb der Art bezeugen ihre Anpassungsfähigkeit und evolutionäre Auseinanderentwicklung in verschiedenen Lebensräumen. Die Klassifizierung bleibt umstritten und wird anhand neuer genetischer und morphologischer Studien ständig revidiert.

Der Kleiber bildet in der Gattung *Sitta* zusammen mit Rostflanken-, Kastanien-, Zimtbauch- und Kaschmirkleiber eine nah verwandte Artengruppe (»Superspezies«).

23 24 25 26 27 28 29 30 31 32 33 34 35 36 37 38 39 40 41

Dorngrasmücke *(Curruca communis)*

Diese Art aus der Familie der Grasmückenartigen (Silvidae) brütet in ganz Europa und im gemäßigten Westasien. Dort kommt sie in offenen Lebensräumen mit Strauchvegetation wie Küstenheiden, lichten Wäldern und niedrigen Hecken vor sowie in Brombeerdickichten auf Brachland. Gewöhnlich bevorzugt sie Tieflandgebiete, brütet in den Alpen und im Kaukasus aber bis in 1600 m Höhe. Im Atlasgebirge in Marokko ist sie noch oberhalb von 2000 m und in Kasachstan sogar in 3200 m Höhe anzutreffen. Die Zugvögel legen weite Strecken zurück und überwintern im tropischen Afrika, in Arabien und Pakistan. Wie die meisten Grasmücken ist auch diese Art eher scheu, die Männchen führen jedoch spektakuläre aufsteigende Schauflüge durch. Ihr Gefieder ist insgesamt bräunlich, die Flügel sind hell rostfarben. Der graue Kopf mit dem schmalen hellen Augenstreif kontrastiert mit der leicht aufgeplustert wirkenden weißen Kehle. Ihr Gesang ist schnell und kratzig mit schimpfendem Unterton. Der Ruf, *wit-wit* oder *woid-woid*, klingt heiser und nasal, der Warnruf ist ein raues, lang gezogenes *tschehr*. Die Vögel ernähren sich überwiegend von Insekten, mögen aber auch Beeren und reifes Obst.

STECKBRIEF

LÄNGE: 14 cm

SPANNWEITE: 18–23 cm

GEWICHT: 15 g

ALTER: 1–5 Jahre;
Rekord (beringter Vogel): 19 Jahre

STIMME: Schwatzender Gesang (Merksatz: »Mach' ich doch! Hab' ich doch gesagt!«); sperlingsähnlicher Ruf, *wit-wit* oder *woid-woid*

LEBENSRAUM: Lichte Wälder, Buschland, Hecken, Dickichte, Brombeersträucher auf Brachland

VERBREITUNG: Brut in Europa, weiten Teilen Westasiens

▼ Maßstab 1:1 Lebensgröße

NEU KLASSIFIZIERT

Einige ehemals zur Gattung *Sylvia* gestellten Grasmücken, z. B die Dorngrasmücke, werden heute der Gattung *Curucca* zugeordnet, die der deutsche Naturforscher Johann Matthäus Bechstein 1802 einführte. Die Abspaltung von *Sylvia* erfolgte im Jahr 2014 aufgrund einer molekularphylogenetischen Untersuchung von 2011.

Nest und Eier: tatsächliche Größe

Küken im Nest

Verwandte Art

Die **Klappergrasmücke** *(Curruca curruca)* ist kleiner als die verwandte Dorngrasmücke und hat dunkle Wangenfedern, die ihr ein maskenartiges Aussehen verleihen. Außerdem hat sie einen kürzeren Schwanz und die Flügelränder sind graubraun statt rostfarben. Die Geschlechter sehen sich sehr ähnlich: Ihr Rücken ist graubraun, der Bauch cremegrau, der Kopf grau mit dunkelgrauen Wangen, Kehle und Brust sind weiß. Die scheuen Vögel hört man in Wäldern und Gebüschen eher, als dass man sie sieht. Ihr Gesang ist rasselnd (»klappernd«) und monoton. Die Art überwintert normalerweise in Afrika und orientiert sich bei ihrem Zug dorthin an der östlichen Küstenlinie des Mittelmeers.

Buchfink *(Fringilla coelebs)*

Finken sind kleine, unstete, eher scheue samenfressende Singvögel aus der gleichnamigen Familie (Fringillidae). Diese ist in zwei Unterfamilien untergliedert, die Fringillinae mit der einzigen Gattung *Fringilla* und die Carduelinae mit rund 28 Gattungen. Ihr kräftiger, kegelförmiger Schnabel ist auf das Öffnen von Samen und Nüssen spezialisiert, wobei die Edelfinken (*Fringilla*) ihre Jungen hauptsächlich mit Gliederfüßern füttern. Viele Finken-Arten haben ein buntes Gefieder. Sie sind weit verbreitet, kommen in vielen Lebensräumen vor und sind meist Standvögel. Der Buchfink ist ganzjährig in ganz Europa verbreitet. Manche Populationen übersommern in Skandinavien und Ostrussland und überwintern im Nahen Osten. Das farbenprächtige Männchen trägt eine blaugraue Kappe und hat eine leuchtend braunrosa bis rostbraune Unterseite, während das Gefieder des Weibchens weniger intensiv gefärbt ist. Beide Geschlechter weisen zwei kontrastierende weiße Flügelbinden auf, auch die äußeren Steuerfedern des Schwanzes sind weiß. Das Weibchen baut sein Nest in einer Astgabel und legt 4–5 braun gesprenkelte Eier hinein.

STECKBRIEF

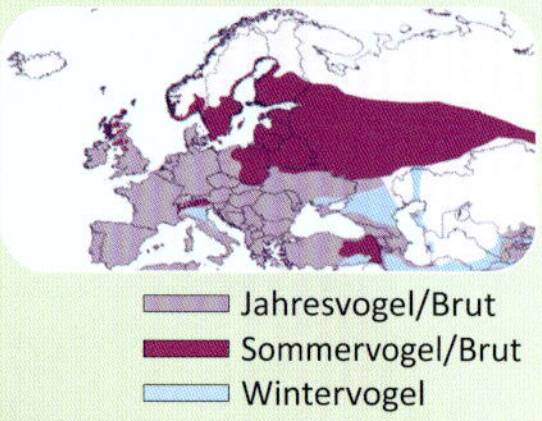

LÄNGE: 14–15 cm

SPANNWEITE: 25–28 cm

GEWICHT: 18–29 g

ALTER: 3 Jahre im Schnitt, möglicherweise bis zu 14 Jahre

STIMME: Der Gesang besteht aus einer markanten Reihe absteigender Töne, die mit einem Schnörkel endet.

LEBENSRAUM: Baumbestandene Flächen, Misch- und Nadelwälder, Laubwälder in tieferen Gebirgslagen, auch Parks, Gärten und Obstplantagen

VERBREITUNG: Brütet im Nordwesten von Afrika, in weiten Teilen Europas und ostwärts bis zum gemäßigten Asien

▼ **Maßstab 1:1 Lebensgröße**

Buchfinken waren einst beliebte Ziervögel, man fing sie in großer Zahl und hielt sie in Käfigen. Bei Wettbewerben konnte man Wetten abschließen, welches Finkenmännchen seinen Gesang am häufigsten wiederholt.

▲ **Männchen**

Eier: tatsächliche Größe

Jungvogel

Einer einflussreichen Studie des britischen Ethnologen William Thorpe zufolge kann ein junger Buchfink den arteigenen Gesang nur erlernen, wenn er ihn in der sensitiven Phase nach dem Schlüpfen von erwachsenen Männchen hört.

▶ Maßstab 1:1 Lebensgröße

Wegen ihrer Färbung und ihres Gesangs werden Buchfinken auch in Käfigen gehalten. Hält man sie aber zusammen mit Kanarienvögeln, verlieren sie ihren arteigenen Gesang und übernehmen die Gesänge ihrer Käfiggenossen.

Verwandte Art

Der **Kernbeißer** (*Coccothraustes coccothraustes*) ist ein mittelgroßer Fink mit »Stiernacken« und stämmigem Körper und der einzige Vertreter seiner Gattung. Seine nächsten Verwandten sind Weißhand- und Maskenkernbeißer aus China bzw. Japan sowie Abend- und Kapuzenkernbeißer aus Nordamerika. Das Federkleid des Männchens in Taupe, Weiß und Schwarz ähnelt dem des Buchfinken. Beim Kernbeißer geht das Taupe ins Lachsfarbene, er hat deutliche schwarze Zügelstreifen und einen äußerst kräftigen grauen Kegelschnabel, der ideal geeignet ist zum Knacken harter Samen.

◀ Maßstab 1:1 Lebensgröße

◀ Weibchen

Grünfink *(Chloris chloris)*

Dieser lebhafte, attraktive Vertreter der Familie Finken (Fringillidae) ist in Europa, Nordafrika und Südwestasien heimisch, in Nordeuropa brütet er als Sommervogel. Die Männchen der stämmigen Vögel sind vorwiegend olivgrün mit gelben, im Flug sichtbaren Partien an den Flügeln und am Schwanz. Bei den graugrünen Weibchen ist das Gelb weniger ausgeprägt. Der kräftige Schnabel ist blassrosa mit brauner Spitze, die Beine sind blass fleischfarben. Grünfinken sind häufig in Gärten und Parks städtischer Gebiete sowie im ländlichen Raum in Wäldern und auf Ackerland anzutreffen. Ihre Hauptnahrung bilden Samen – besonders beliebt sind Sonnenblumenkerne, Hagebutten, Brombeeren und Weißdornfrüchte. Man kann sie auch häufig beim Zanken an Futterstellen beobachten. Als Ergänzung verzehren sie zudem Insekten, ihre Jungen ziehen sie überwiegend mit Gliederfüßern auf. Zur Brutzeit bilden Grünfinken kleine Kolonien. Ihre Nester bauen sie meist in einer Astgabel von Nadelbäumen, in Hecken, Sträuchern und kleinen Bäumen. Außerhalb der Brutsaison bilden die geselligen Vögel häufig große gemischte Schwärme mit anderen Finken und Ammern.

Auch in Australien und Neuseeland kommen Grünfinken vor. Dort haben britische Siedler sie als lebendige Erinnerung an ihre europäische Heimat angesiedelt.

STECKBRIEF

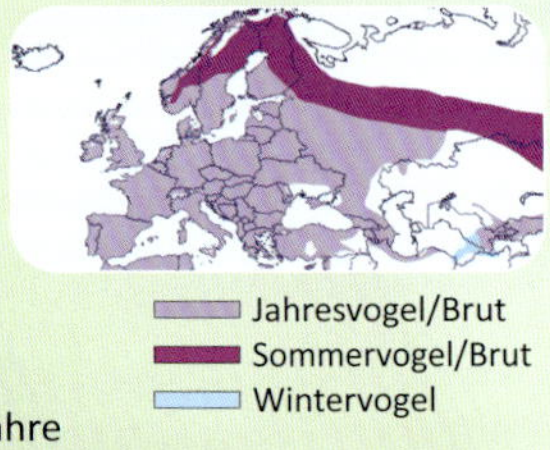

LÄNGE: 15 cm

SPANNWEITE: 26 cm

GEWICHT: 28 g

ALTER: 2–3 Jahre; Altersrekord in der Natur: 11 Jahre

STIMME: Zwitschernder, pfeifender Gesang, endet in einem vibrierenden Krächzen; Hauptruf – besonders im Flug – ist ein kräftiges *jüpp.*

LEBENSRAUM: Parks, Gärten, Wälder, Agrarland, Felder

VERBREITUNG: Europa, Nordafrika, Südwestasien

◀ Maßstab 1:1 Lebensgröße

◀ Maßstab 1:1 Lebensgröße

Ein junges Grünfinkenpärchen

Krankheiten eindämmen

Um 1980 gingen die Grünfink-Populationen drastisch zurück, erholten sich ab 1990 aber wieder. Der Bestandseinbruch 2009 ließ sich auf einen Ausbruch der Trichomonadose zurückführen, einer durch Parasiten hervorgerufenen Krankheit, die die Nahrungsaufnahme beeinträchtigt. Eindämmen lässt sie sich durch Sauberhalten von Futterstellen.

▼ **Maßstab 1:1 Lebensgröße**

Neu klassifiziert

Ursprünglich wurde der Grünfink der Gattung *Carduelis* zugeordnet. Einer phylogenetischen Analyse aus dem Jahr 2012 zufolge ist er aber nicht eng mit anderen Arten der Gattung verwandt. Infolgedessen wurde er in die »wieder ausgegrabene« Gattung *Chloris* gestellt, die der französische Naturforscher George Cuvier 1800 eingeführt hatte.

Eier: tatsächliche Größe

Elternvogel füttert Küken

Küken im Nest

Schafstelze *(Motacilla flava)*

Die Systematik der Schafstelze wurde schon mehrfach überarbeitet und ist auch heute noch umstritten. Nach einer Auffassung ist sie eine Art mit 10–12 Unterarten, die sich vor allem in der Zeichnung und Färbung des Kopfes der Männchen im Brutkleid unterscheiden, die bläulich, gelb, dunkelgrau, hellgrau, weiß oder schwarz sein kann. Ansonsten ist das Brutgefieder der Männchen oberseits olivgrün, unterseits leuchtend gelb. Außerhalb der Brutsaison kann die Färbung weißlich aufgehellt sein. Der kleine, anmutige, langschwänzige Singvogel gehört zur Familie Stelzen und Pieper (Motacillidae). Wie andere Vertreter ihrer Gattung wippt die Schafstelze ständig mit dem Schwanz, der bei ihr allerdings der kürzeste aller europäischen Arten ist. Sie ist im gesamten gemäßigten Eurasien verbreitet und bleibt in milderen Regionen das ganze Jahr über. Die in kälteren Gegenden lebenden Populationen überwintern in Afrika und Südasien. Ihre Nahrung, Insekten und andere kleine Wirbellose, finden Schafstelzen in offenem Gelände in Wassernähe, z. B. in Feuchtwiesen, Sümpfen sowie an grasbewachsenen und schlammigen Seeufern. Die monogamen Paare nisten in Grashorsten, das Weibchen legt 4–8 gesprenkelte Eier.

Die Tschuktschenstelze, *Motacilla tschutschensis*, brütet in der Ostpaläarktis und hat sogar in Alaska Fuß gefasst. Das Gefieder ist dem der westlichen Art, der Schafstelze, sehr ähnlich, wobei sich die fünf anerkannten Unterarten in der Kopffarbe unterscheiden. Manche Taxonomen klassifizieren sie weiterhin als der Art *M. flava* (Schafstelze) zugehörig.

STECKBRIEF

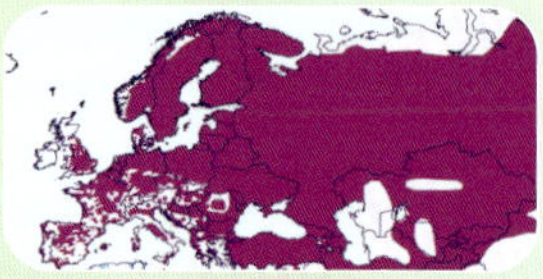

LÄNGE: 15–16 cm

SPANNWEITE: 23–27 cm

GEWICHT: 16–22 g

ALTER: Maximal 8 Jahre

STIMME: Der Ruf ist ein dünnes, weit tragendes *psi* (im Flug) oder ein längeres, ansteigendes *srii-srii-srii*; der Gesang eine Wiederholung des Rufs, durchsetzt mit trällernden Tönen.

LEBENSRAUM: Feuchtwiesen, Auen, Randbereiche von Feuchtgebieten und Umgebung von Seen, lokal in Kulturlandschaften und auf großen Lichtungen

VERBREITUNG: Eurasien; überwintert in Afrika und Südasien

◀ **Weibchen**

Eier im Nest

Elternvogel füttert Küken

Flügger Jungvogel

Außerhalb der Brutsaison sind Schafstelzen ausgesprochen gesellig und versammeln sich zu großen nächtlichen Schlafgemeinschaften.

Bachstelze *(Motacilla alba)*

Die Bachstelze gehört zur Familie der Stelzen und Pieper (Motacillidae), wie z. B. auch der Wiesenpieper. Der zierliche, schlanke Singvogel brütet in Europa, Teilen Nordafrikas und in der asiatischen Paläarktis. Das Gefieder ist bei beiden Geschlechtern durch eine plakative Kombination aus Schwarz, Weiß und Grau gekennzeichnet, die innerhalb des Verbreitungsgebiets stark variiert. Der schmale, kontrastierende Überaugenstreif einiger Vertreter der Gattung fehlt bei der Bachstelze. Als anpassungsfähige Art kommt sie in verschiedenen offenen Lebensräumen vor, von natürlichen Grasflächen und Feuchtgebieten bis zu gepflasterten Parkplätzen und Rasen an Stadträndern. Häufig sieht man Bachstelzen umherlaufen und mit dem langen, weiß gerandeten Schwanz wippen. Ihre Nahrung, Land- und Wasserinsekten, erbeuten sie bevorzugt in übersichtlichem Gelände. Sie nisten in Spalten von Steinmauern oder ähnlichen Öffnungen in künstlichen Strukturen.

STECKBRIEF

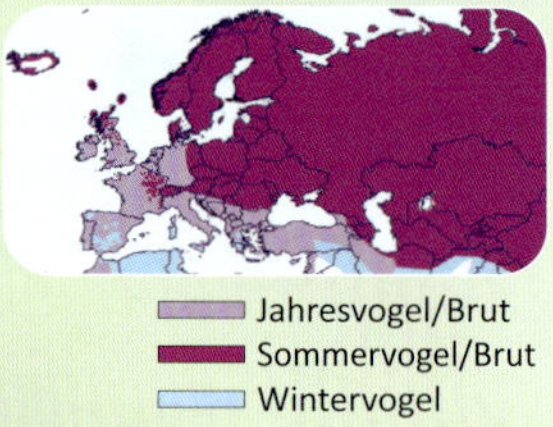

LÄNGE: 16 cm

SPANNWEITE: 25–30 cm

GEWICHT: 25 g

ALTER: 12 Jahre im Schnitt

STIMME: Ruft im Flug laut, klangvoll und markant *zi-lipp* oder *tsli-witt*; unauffällig zwitschernder Gesang

LEBENSRAUM: Offene, unbewaldete Flächen

VERBREITUNG: Eurasien und Nordafrika

◀ Maßstab 1:1 Lebensgröße

Eier: tatsächliche Größe

Küken

Jungvogel

Brutgewohnheiten

Als am weitesten verbreiteter Brutvogel Europas kommt die Bachstelze von Island und vom arktischen Norwegen südwärts bis Andalusien und Sizilien vor. Dieses riesige Brutgebiet zeigt die Anpassungsfähigkeit der Art – sie findet sich in Hochgebirgstälern ebenso zurecht wie in Stadtzentren. Auch bezüglich des Nistplatzes ist sie nicht wählerisch – dokumentierte Brutplätze sind z. B. der Schädel eines Walrosses, ein Biberdamm und ein Steinadlerhorst.

Die attraktive, schlanke **Gebirgsstelze** (*Motacilla cinerea*) lebt an schnell fließenden Flüssen, Bächen und in Feuchtgebieten in Europa, Asien und Nordafrika. Ihr Gefieder ist unterseits leuchtend gelb, oberseits grau, schwarz und weiß. Auf der Jagd nach Fliegen, Käfern und aquatischen Wirbellosen bewegt sie sich elegant knicksend fort. Die Vögel einiger nördlicher Populationen ziehen zum Überwintern nach Süden. Das Nest ist oft in Spalten in Wassernähe versteckt. Wegen ihres typischen, ständigen Wippens mit dem auffallend langen Schwanz ist es sehr unterhaltsam, diese Stelze zu beobachten.

Wiesenpieper *(Anthus pratensis)*

Die zur Familie der Stelzen und Pieper (Motacillidae) gehörende Gattung *Anthus* umfasst mehr als 42 Arten von Piepern. Es handelt sich um kleine, weit verbreitete, sehr anpassungsfähige Singvögel mit mittellangem bis langem Schwanz. Sie kommen in den meisten Teilen der Welt vor, mit Ausnahme von besonders trockenen Wüsten, Regenwäldern und dem Festland der Antarktis. Der Wiesenpieper ist ein häufiger Singvogel offener Landschaften – Moor- und Heideflächen, Magerwiesen, Hochland und Salzwiesen. Verbreitet ist er in der gesamten Paläarktis, von Südgrönland und Island durch Europa bis nach Südwestasien. Die meisten Populationen sind Zugvögel, einige westeuropäische auch Standvögel. Vögel aus dem Hochland ziehen im Winter einfach ins Tiefland oder an Küsten. Mit seinem oberseits olivbraunen, unterseits beigen, dunkel gestrichelten Gefieder ist er recht unauffällig. Seine Beine sind rosa. Wenn er aufgeschreckt wird, fliegt er ruckartig auf, wobei die weißen Schwanzränder sichtbar werden. Ihre Wirbellosennahrung finden Wiesenpieper am Boden, bei kalter Witterung fressen sie auch Samen. Sie nisten am Boden, versteckt in der Vegetation.

STECKBRIEF

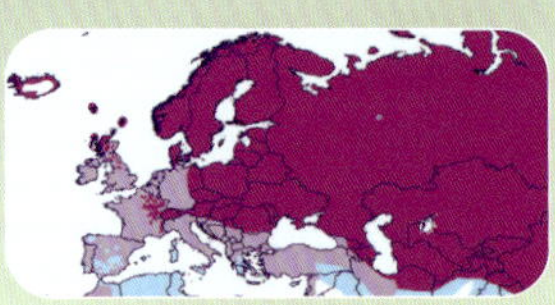

LÄNGE: 14–15 cm

SPANNWEITE: 22–25 cm

GEWICHT: 15–22 g

ALTER: 3 Jahre;
Rekord (beringter Vogel): 7 Jahre

STIMME: Ruft ein hohes, leicht lispelndes *ist* oder *ist-ist-ist*

LEBENSRAUM: Offene Landschaften, Hochland, Magerwiesen

VERBREITUNG: Brütet in weiten Teilen der Paläarktis von Grönland bis nach Südwestasien

Eier: tatsächliche Größe

◄ Maßstab 1:1 Lebensgröße

Nahrungserwerb

Zur Nahrungssuche halten sich Wiesenpieper meist am Boden auf. Hauptsächlich erbeuten sie Fliegen, Käfer, Raupen, Würmer und Spinnen. Um nach Feinden Ausschau zu halten, nutzen sie auch erhöhte Sitzwarten wie Sträucher oder Zäune.

Verwandte Art

Der **Strandpieper** (*Anthus petrosus*) hält sich ganzjährig fast ausschließlich an den Felsküsten Westeuropas auf, wo er auch brütet. Sein Gefieder ähnelt dem anderer europäischer Pieper, er ist aber vergleichsweise größer und stämmiger als der Wiesenpieper. Von seinem Verwandten unterscheidet er sich zudem durch den größeren, dunkleren Schnabel und die schwärzlichen Beine.

Verwandte Art

Der **Baumpieper** (*Anthus trivialis*) brütet in weiten Teilen Europas und ostwärts bis zum Ostsibirischen Bergland. Zum Überwintern zieht der Langstreckenzieher nach Afrika und Südasien. Er ist etwas größer als der sehr ähnliche Wiesenpieper und hat einen kräftigeren Schnabel. Weiterer Unterschied ist der Kontrast zwischen gelbbrauner Brust und weißem Bauch. Außerdem hält er sich häufiger in Bäumen auf.

Nachtigall *(Luscinia megarhynchos)*

Dieser insektenfressende Singvogel ist nur wenig größer als ein Rotkehlchen, aber der wunderschöne, eindringliche Gesang des Männchens macht die geringe Größe mehr als wett. Wegen ihrer unvergesslichen Stimme ist die Nachtigall Protagonist in vielen Legenden, Liedern, Opern, Büchern, Gedichten und im Volkstum. Sie gilt als Frühlingsbote, wenn erstmals ihr Lied im Wald zu vernehmen ist. Ihr Gefieder ist alles andere als auffällig – oberseits einfarbig braun, unterseits beige bis weißlich, der Schwanz ist rotbraun. Männchen und Weibchen sind gleich gefärbt. Mit ihrem schlanken Schnabel jagt sie am Boden Würmer und Insekten. Ehemals zu den Drosseln gerechnet, zählt man die Nachtigall heute zur Familie Fliegenschnäpper (Muscicapidae). Sie lebt und brütet in Wäldern und Buschland Eurasiens und flieht vor der Kälte nach Afrika südlich der Sahara. Generell ist sie weiter südlich verbreitet als ihr enger Verwandter, der Sprosser, *Luscinia luscinia*. Nachtigallen leben eher im Verborgenen. Ihre Nester bauen sie meist am Boden oder in Bodennähe in dichtem Dickicht oder im Unterholz. Nur selten sind sie in mehr als 400 m Höhe anzutreffen.

STECKBRIEF

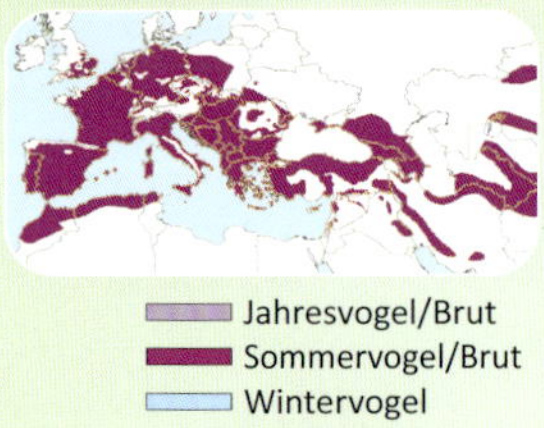

LÄNGE: 15–17 cm

SPANNWEITE: 20–25,5 cm

GEWICHT: 18–23 g

ALTER: 1–5 Jahre

STIMME: Ausgesprochen variabler Gesang; laute, eindrucksvolle, melodische Folge von Pfeiftönen, Trillern, rasselnden und gurgelnden Lauten, oft mit Wiederholungen; Ruf ein kaum auszumachendes *hüit*

LEBENSRAUM: Dichtes Dickicht, Buschland

VERBREITUNG: Europa, Asien, Nord- und Zentralafrika

Von der Nachtigall werden drei Unterarten unterschieden: *Luscinia megarhynchos megarhynchos* aus Westeuropa, Nordafrika und Kleinasien überwintert im tropischen Afrika. *L. m. africana* kommt vom Kaukasus und von der Osttürkei bis in den Südwesten des Irans und von Irak vor und verbringt den Winter in Ostafrika. *L. m. golzii* ist vom Aralsee bis in die Mongolei beheimatet und zieht zum Überwintern in Küstenregionen Ostafrikas.

▲ Maßstab 1:1 Lebensgröße

Etymologie

Wie ihr Name schon andeutet, lässt diese Sangeskünstlerin ihren Gesang häufig bei Nacht erklingen. Der Name geht auf westgermanisch *nahti-galōn* und mittelhochdeutsch *nahtegal(e)* zurück und bedeutet »Nachtsängerin« – weil man einst glaubte, dass die Weibchen singen, nicht die Männchen. Ihr Ruf als vollendete Poetin und begnadete Sängerin inspirierte viele Literaten, sodass sie im Mittelpunkt zahlreicher Werke steht, von Homer, Ovid, Sophokles sowie später Shakespeare und Ringelnatz.

Verwandte Art

Der **Sprosser** (*Luscinia luscinia*) ist die nah verwandte Zwillingsart der Nachtigall. Er kommt als Brutvogel von Osteuropa bis ins westliche gemäßigte Asien vor und überwintert in Afrika südlich der Sahara. Kopf, Nacken und Oberseite sind dunkel olivbraun, der Schwanz rötlich braun, Kinn, Kehle und Brust blass graubraun gefärbt. Schwungfedern und Flügeldecken sind dunkler braun. Der Sprosser bevorzugt feuchte Laubwälder, meist mit Erlen und Birken, sowie dichtes, dorniges Unterholz in sumpfigem Gelände. Sein Nest baut er am Boden, häufig eingebettet in Brennnesseln. Seine Nahrung bilden in erster Linie Regenwürmer, Spinnen, Käfer, kleine Nachtfalter, Ameisen und Fliegen. Ab Spätsommer sucht er auch nach Beeren, etwa von Holunder.

Eier im Nest

Elternvogel füttert Küken

Flügger Jungvogel

Haussperling *(Passer domesticus)*

Der Haussperling ist eine von etwa 25 Arten der Gattung *Passer* in der Familie Sperlinge (Passeridae). Ursprünglich war er nur in Europa, im Mittelmeerraum und weiten Teilen Asiens beheimatet, wurde aber in viele andere Regionen der Erde teils absichtlich eingeführt, teils versehentlich verschleppt, z. B. in Teile Australasiens, Afrikas und sogar in die Neue Welt. Dadurch ist der Haussperling heute die am weitesten verbreitete Vogelart der Welt. Die Gefiederfärbung des Männchens ist eine Mischung aus Grau- und Brauntönen, der Rücken ist rötlich braun, die Unterseite blassgrau oder weißlich. Der dunkelgraue Scheitel ist kastanienbraun abgesetzt. Der Bereich um den Schnabel, zwischen Schnabel und Augen sowie die Kehle (der »Latz«) sind schwarz. Es gibt einen Geschlechtsdimorphismus: Den Weibchen fehlen beispielsweise die schwarze Zeichnung und der graue Scheitel. Wie für Samenfresser typisch ist der Schnabel des Haussperlings kräftig und kegelförmig. Allerdings verschmähen die Vögel auch Insekten und andere Nahrung nicht. Sie selbst gehören wiederum zum Beuteschema von Katzen und anderen räuberischen Säugetieren sowie von Falken und sonstigen Raubvögeln.

STECKBRIEF

LÄNGE: 16 cm

SPANNWEITE: 19–25 cm

GEWICHT: 24–40 g

ALTER: 12–14 Jahre in Gefangenschaft; in der Natur recht langlebig; Rekord: 23 Jahre

STIMME: Einfacher Gesang der Männchen aus einem einzelnen oder einer Reihe von Lauten, als Tschilpen bezeichnet; er wird fast ganzjährig geäußert.

LEBENSRAUM: Anthropogene Strukturen wie Dächer, Wände, Gebäude, Verkehrsschilder, Ampeln, Nistkästen

VERBREITUNG: Europa, Asien; eingeführt in Australasien, Afrika, Nord- und Südamerika

Häufiger Besucher

Dieser Vogel lebt und brütet bevorzugt in der Nähe menschlicher Behausungen und gehört damit rund um den Globus zum festen Inventar der Nachbarschaft. Zwar wird er von Landwirten schonungslos als Bedrohung für ihre Ernte verfolgt, doch meist weitgehend erfolglos. Haussperlinge werden als Käfigvögel gehalten, stehen auf Speisekarten und gelten in verschiedenen Kulturen als Symbole der Lust, der sexuellen Potenz, der Gewöhnlichkeit und Vulgarität.

Küken

Männchen ▶

◀ Maßstab 1:1 Lebensgröße

◀ Weibchen

Eier: tatsächliche Größe

Jungvogel

Verwandte Art

Der **Feldsperling** (*Passer montanus*) unterscheidet sich vom Haussperling durch den kastanienbraunen Scheitel und Nacken und den schwarzen Fleck auf den reinweißen Wangen. Er lebt und brütet in weiten Teilen des gemäßigten Eurasiens und von Südostasien, in die USA wurde er eingeführt. Anders als der Haussperling, der Städte liebt, bevorzugt diese Art licht bewaldetes offenes Gelände. Dort bauen die Vögel ihr unordentliches Nest in Höhlen oder in den verlassenen Nestern von Elstern oder Weißstörchen. Balzende Männchen geben Tschilplaute von sich.

Die geselligen Haussperlinge sitzen gerne beisammen.

Goldammer *(Emberiza citrinella)*

In ihrem auffälligen Prachtgefieder sind männliche Goldammern leicht zu entdecken. Ihr Kopf ist leuchtend gelb, ebenso die Unterseite, der Rücken ist braun gestreift. Weibchen und Jungvögel sind etwas blasser gefärbt. Dieser Vertreter der Familie Ammern (Emberizidae) kommt in ganz Eurasien vor, nach Australien und Neuseeland wurde die Art eingeführt. Die meisten europäischen Populationen bleiben das ganze Jahr über in ihrem Brutgebiet, die östliche Unterart ist Teilzieher. Goldammern bevorzugen trockene, offene Landschaften mit einzelnen Baumgruppen und verstreuter Vegetation. Die geselligen Vögel bilden während der Brutzeit monogame Paare und gehen außerhalb der Brutsaison in großen gemischten Schwärmen am Boden auf Nahrungssuche. Die Weibchen bauen ihr napfförmiges Nest an versteckten Stellen oder in Kuhlen im Boden. Sie brüten 3–5 mit feinen Linien gezeichnete Eier aus. Beide Elternvögel füttern die Küken und ziehen pro Jahr in der Regel 2–3 Bruten auf.

Die Ammern (Emberizidae) sind eine vielgestaltige Familie mittelgroßer, altweltlicher Sperlingsvögel. Zu ihren nächsten Verwandten zählen z. B. die Kardinäle. Die einzige Gattung der Familie, *Emberiza*, umfasst an die 50 samenfressende Arten. Früher wurden auch die Neuweltammern zu den Ammern gezählt, heute gelten sie als eigenständige Familie (Passerelidae) mit zahlreichen Gattungen und Arten.

STECKBRIEF

LÄNGE: 16–17 cm

SPANNWEITE: 23–29 cm

GEWICHT: 20–36 g

ALTER: 3–13 Jahre

STIMME: Gesang: schnelle Folge kurzer, hoher Töne, endend mit einem langen, tieferen Pfeifton

LEBENSRAUM: Offene, trockene Landschaften mit vereinzelten Bäumen

VERBREITUNG: Eurasien; eingeführt nach Australien und Neuseeland

Jahresvogel/Brut
Sommervogel/Brut
Wintervogel

Der liebliche Gesang der Goldammer inspirierte Komponisten wie Beethoven und Messiaen. Der lautmalerische deutsche Merksatz für den Gesang lautet: »Wie, wie, wie hab' ich dich liiieb!«

▼ Maßstab 1:1 Lebensgröße

◀ Männchen

▼ Weibchen

Nest und Eier: tatsächliche Größe

Jungvogel

▶ Maßstab 1:1 Lebensgröße

Die **Rohrammer** (*Emberiza schoeniclus*) lebt und brütet in der gesamten Paläarktis. Vögel in nördlichen Regionen sind Teilzieher, solche in gemäßigten Zonen überwintern gewöhnlich an Ort und Stelle. Beim Männchen sind Kopf und Kehle schwarz, Nackenband und Bauch weiß, der Rücken ist in dunklen Brauntönen gestreift. Das Weibchen ist deutlich trister gefärbt und an Kopf und Brust braun gestreift. Rohrammern sind Samenfresser, füttern ihre Jungen aber mit Insekten. Sie bilden monogame Paare und bauen ihre Nester aus Zweigen, Gras und Schilf in einem Busch oder im Röhricht und polstern sie mit Haaren, Moos und Wurzeln aus. Das Weibchen legt 4–5 olivgraue Eier mit arttypischer haarähnlicher Zeichnung. Die Küken werden von beiden Eltern gefüttert. Der Ruf ist ein langes, sanft abfallendes *psüüü*.

Serviette der Scham?

Der **Ortolan** (*Emberiza hortulana*) war lange beliebter Bestandteil der französischen Küche – mariniert, gekocht und im Ganzen gegessen. Beim Verzehr der Delikatesse legten sich die Gäste traditionell eine Serviette oder ein Handtuch über den Kopf. Dies sollte angeblich die reichen Aromen bewahren. Einige Kritiker behaupten, die Serviette solle die Scham wegen des Verzehrs einer kleinen, von Gott geschaffenen Kreatur verbergen. Aufgrund des übermäßigen Fangs mit Netzen wurden die französischen Ortolan-Bestände bedrohlich reduziert, bis im Jahr 1999 ein Gesetz den Fang limitierte.

Wasseramsel *(Cinclus cinclus)*

Die Wasseramsel aus der Familie Wasseramseln (Cinclidae) ist u. a. an ihren charakteristisch knicksenden Bewegungen zu erkennen. Als einzige Vertreter der Sperlingsvögel schwimmen und tauchen Wasseramseln auf der Suche nach Beute unter Wasser. Mit ihrem rundlichen Körperbau und dem kurzen Schwanz erinnern sie an Zaunkönige. Diese Art ist aber drosselgroß und kommt nur in der Alten Welt vor – in Europa, im Nahen Osten, in Zentralasien und auf dem indischen Subkontinent. Man unterscheidet 13 Unterarten, vor allem anhand der Färbung. Männchen und Weibchen sehen gleich aus, mit kastanienbraunem Kopf und Nacken, schiefergrauem Rücken mit dunkler Schuppung, Flügel und Schwanz sind braun. Unterhalb der weißen Kehle und oberen Brust verläuft ein warm kastanienbraunes Band, das im graubraunen Jugendkleid noch fehlt. Der Schnabel ist fast schwarz, Beine und Iris sind braun. Aufgrund der glatten Kontur ihrer Federn kann die Wasseramsel recht schnell laufen und fliegen. Überwiegend ist sie am Fuß von Gebirgen und im Hochland anzutreffen, gelegentlich auch im Flachland oder in Küstenebenen mit Fließgewässern. Meist sucht sie als Einzelgänger zwischen Steinen im Wasser nach Nahrung – Insekten und deren Larven, Süßwasserschnecken, kleinen Fischen, Fischlaich und kleinen Amphibien. Bei der Jagd kann sie erstaunliche sechs Meter tief tauchen und auf dem Grund des Gewässers laufen.

STECKBRIEF

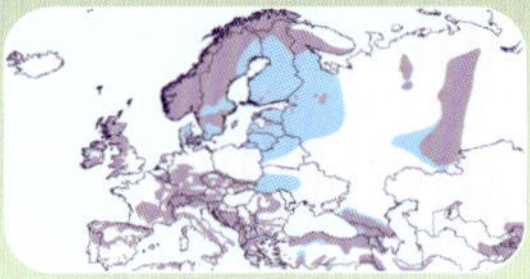

LÄNGE: 18 cm

SPANNWEITE: 28 cm

GEWICHT: 64 g

ALTER: Bis zu 10 Jahre

STIMME: Kontaktruf ist ein kurzes, metallisches und explosives *zit* oder *zrit*; Gesang aus zwitschernden und trillernden Phrasen mit knirschenden und gepressten Tönen, ähnelt dem eines Wellensittichs.

LEBENSRAUM: Am Fuß von Bergen oder Gebirgen, Hochland

VERBREITUNG: Europa, Naher Osten, Zentralasien

Wasseramsel mit Insekt in einem Wasserfall ▼

◀ Maßstab 1:1 Lebensgröße

Die Gattung *Cinclus* umfasst fünf Arten: die Wasseramsel oder Eurasische Wasseramsel sowie Pallas-, Grau-, Rostkehl- und Weißkopf-Wasseramsel.

Nest

Eier: tatsächliche Größe

Jungvogel

Die Wasseramsel ist der Nationalvogel Norwegens.

Feldlerche *(Alauda arvensis)*

Die meisten Vertreter der Familie Lerchen (Alaudidae) sind blass bräunlich grau und in leicht variierenden Mustern dunkel gestrichelt. Ihre Flügel sind abgerundet, der Schwanz ist kurz. Sie haben stämmige Beine mit einer langen, geraden Hinterkralle und einen kräftigen, spitzen, dreieckigen Schnabel. Die Feldlerche ist in ganz Europa und der Paläarktis weit verbreitet. In Neuseeland, Australien und auf Hawaii gibt es eingeführte Populationen. Als einer der bekanntesten Singvögel der Welt wird die Feldlerche von vielen Schriftstellern, Dichtern und Komponisten gefeiert. Das Gefieder ist in Brauntönen gestrichelt, der Schwanz weiß gerandet. Männchen haben eine Federhaube, die sie bei Beunruhigung oder Aufregung aufstellen. Feldlerchen leben in offenen Landschaften, auf Feldern, Ackerland, Wiesen und am Rand von Sumpfgebieten; sie ernähren sich von Insekten, Samen und jungen Pflänzchen. Die elf anerkannten Unterarten sind z. B. in Europa, Ostrussland, in der Türkei, im Iran, in Sibirien, der Mongolei, Korea und Japan zu Hause.

Verwandte Art

Die **Heidelerche** (*Lullula arborea*) ist die einzige noch existierende Art in ihrer Gattung. Sie kommt in weiten Teilen Europas, im Nahen Osten, in Westasien und Nordafrika vor – im Westen ihres Areals meist als Standvogel, östliche Populationen ziehen im Winter teilweise weiter nach Süden. Man unterscheidet zwei Unterarten: *L. a. arborea* aus nördlichen Regionen Europas und *L. a. pallida* im südlichen Teil des Verbreitungsgebiets. Das Gefieder ist braun gesprenkelt und unterseits blass, zwei helle Überaugenstreifen laufen am Hinterkopf zusammen. Die Federhaube ist recht klein und unauffällig.

STECKBRIEF

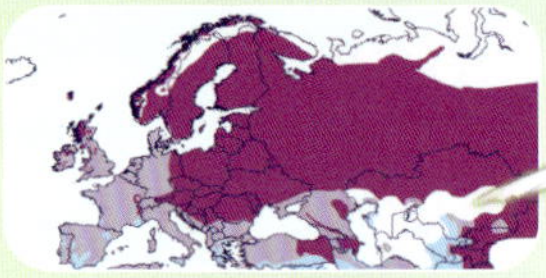

Jahresvogel/Brut
Sommervogel/Brut
Wintervogel

LÄNGE: 18–19 cm

SPANNWEITE: 30–36 cm

GEWICHT: 33 g

ALTER: 4–5 Jahre im Schnitt; möglicherweise bis zu 10 Jahre

STIMME: Ausdauernder, oft mehrere Minuten langer Gesang mit Flöten, Zirpen und Rollen; meist im Flug hoch am Himmel

LEBENSRAUM: Offene Lebensräume, Felder

VERBREITUNG: Europa und übrige Paläarktis; eingeführt nach Neuseeland, Australien und Hawaii

▶ Maßstab 1:1
Lebensgröße

Lerchen in der Kunst

Wenn in der Literatur die Lerche erwähnt ist, so ist damit meist die Feldlerche gemeint. Zu berühmten Gedichten, die ihr gewidmet sind, zählen z. B. alleine drei mit dem Titel »Die Lerche« – sie stammen von Johann Gottfried Herder (1744–1803), von Joseph von Eichendorff (1788–1857) sowie von Annette von Droste-Hülshoff (1797–1848). Auch in einem der bekanntesten Dialoge aus dem Liebesdrama *Romeo und Julia* von William Shakespeare (1564–1616) wird sie erwähnt: »Es war die Nachtigall und nicht die Lerche«, sagt Julia. Doch Romeo erwidert: »Die Lerche war's, des Morgens Herold, nicht die Nachtigall.«

Während Finken Samen vor dem Verzehr fein säuberlich schälen, fressen Lerchen sie mitsamt der Schale. Im Sommer bilden auch Insekten einen wichtigen Bestandteil ihrer Ernährung.

Eier: tatsächliche Größe

Jungvogel

Verwandte Art

Erkennungszeichen der **Ohrenlerche** (*Eremophila alpestris*) im Brutkleid sind die gelb-schwarze, maskenartige Gesichtszeichnung und die spitzen Federohren (»Teufelshörner«). Sie ernährt sich von Samen und Insekten, meist entlang von Küsten oder in Dünen, bisweilen auch auf Feldern.

Rauchschwalbe *(Hirundo rustica)*

Schwalben sind kleine, anmutige Vögel aus der Familie Hirundinidae, charakterisiert durch einen dunklen, glänzenden Rücken, eine helle Unterseite und lange Schwanzfedern. Die Rauchschwalbe ist ein saisonaler Zugvogel und die am weitesten verbreitete Schwalben-Art der Welt: Kartierungen zufolge hat sie das größte natürliche Verbreitungsgebiet aller Sperlingsvögel – es erstreckt sich über 251 Mio. Quadratkilometer weltweit. Ihr Gefieder ist oberseits metallisch blauschwarz, das Rostrot an Stirn, Kinn und Kehle ist durch ein breites blauschwarzes Brustband von der weißen Unterseite abgesetzt. Durch die äußeren verlängerten Schwanzfedern entsteht der unverwechselbare, tief gegabelte »Schwalbenschwanz«. Das Weibchen ähnelt dem Männchen, aber seine äußeren Schwanzfedern sind kürzer, das Blauschwarz ist weniger glänzend und die Unterseite ist blasser. Die anpassungsfähigen Vögel sind überall dort zu finden, wo es Wasser, Nahrungsquellen und geschützte Vorsprünge zum Nestbau gibt. Sie ernähren sich vor allem von fliegenden Insekten wie Stubenfliegen, Bremsen, Käfern, Wespen, Wildbienen, geflügelten Ameisen, Wanzen, Libellen und Heuschrecken.

Die Rauchschwalben der Alten Welt bauen offenbar schon seit der Antike ihre Nester an Bauwerken und Brücken. Ein früher Hinweis findet sich in Vergils *Georgica* (29 v. Chr.): »*Ante garrula quam tignis nidum suspendat hirundo*« – »Bevor die zwitschernde Schwalbe ihr Nest an Dachsparren hängt.«

STECKBRIEF

LÄNGE: 17–19 cm

SPANNWEITE: 32–34 cm

GEWICHT: 16–22 g

ALTER: 4 Jahre; Rekord: 8 Jahre

STIMME: Der Kontaktruf klingt wie *witt* oder *witt-witt*; Alarmrufe sind ein schrilles *siflitt* für Bodenfeinde und ein *flitt-flitt* für Raubvögel; laut und schnell zwitschernder Gesang; seit Kurzem weiß man, dass auch die Weibchen singen.

LEBENSRAUM: Felder, Wiesen, Flussufer, Dachsimse offener Gebäude, unter Brücken

VERBREITUNG: Europa, gemäßigtes Asien, Naher Osten und Nordafrika; überwintert in Afrika südlich der Sahara, Südasien

◀ **Maßstab 1:1 Lebensgröße**

In Literatur und Kultur

Im Laufe der Zeit wurde die Rückkehr der Rauchschwalben aus dem Winterquartier zu einem Symbol für den Frühling oder Sommer. Das auf den griechischen Dichter Aesop zurückgehende Sprichwort »Eine Schwalbe macht noch keinen Sommer« besagt, dass man keine voreiligen Schlüsse ziehen sollte. Darauf bezieht sich auch Aristoteles' *Nikomachische Ethik*: »Denn eine Schwalbe macht noch keinen Frühling, ein einziger Tag auch nicht; ebenso macht auch ein einziger Tag oder eine kurze Zeit niemanden gesegnet oder glücklich.« Unter Seefahrern galt ein Schwalben-Tatoo als Symbol für eine sichere Heimkehr. Manche Seeleute ließen sich nach 5000 absolvierten Seemeilen (9300 km) eine Schwalbe tätowieren (Bild unten), gegebenenfalls kam nach weiteren 10 000 Seemeilen noch eine zweite hinzu. Der Aberglaube, dass bei Beschädigung eines Schwalbennests die Kühe blutige oder gar keine Milch geben oder die Hühner aufhören zu legen, verstärkte die Toleranz gegenüber diesen nützlichen Insektenfressern.

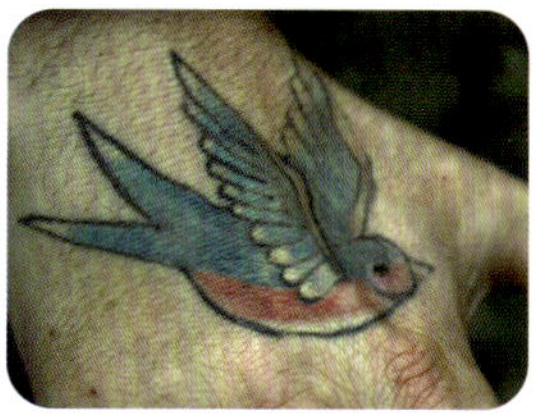

Eier: tatsächliche Größe

Die unverkennbare Form einer fliegenden Rauchschwalbe mit dem deutlich sichtbaren verlängerten »Schwalbenschwanz«.

Elternvogel füttert Küken

Küken im Nest

Star *(Sturnus vulgaris)*

Der Star ist wohl die am meisten polarisierende aller Vogelarten. 1890 wurden 60 Stare nach Amerika eingeführt und im Central Park in New York ausgesetzt – als Teil einer Kampagne, alle in den Werken Shakespeares erwähnten Vögel in die Neue Welt zu bringen. Die Europäer hätten davor warnen können, dass diese aggressiven, mittelgroßen Singvögel viele beliebte einheimische Singvögel wie den Hüttensänger schnell verdrängen würden. Außerdem gelten sie als Landwirtschaftsschädlinge, weil sie sich von keimenden Pflanzen ernähren. Trotz dieser Minuspunkte sind Stare für viele Menschen charmante, gesellige und attraktive Vögel. Große Schwärme können für Landwirte durchaus nützlich sein, wenn sie wirbellose Schädlinge dezimieren. Zur Paarungszeit schimmert das glänzend schwarze Gefieder der Altvögel metallisch violett oder grünlich. Den Männchen wachsen lange, lockere Kehlfedern, die bei der Balz gesträubt werden. Im Winter verblasst das Gefieder und ist mit weißen Tupfen gesprenkelt. Die Beine sind rosa, der Schnabel ist im Sommer gelb, im Winter schwarz gefärbt. Jungvögel sehen bräunlicher aus. Stare ernähren sich überwiegend von Insekten, Beeren und Samen und sind häufig an Futterstellen anzutreffen.

Große Starenschwärme zeigen oft ein atemberaubendes Luftballett, den Formationsflug. Von Weitem wirkt der Schwarm wie eine wabernde Wolke, die ständig die Form verändert. Aber kein Vogel fliegt voran und bestimmt die Richtung. Es wird vermutet, dass die Vögel ihre Bewegungen durch Beobachten der neben ihnen fliegenden Artgenossen koordinieren.

STECKBRIEF

Jahresvogel/Brut
Sommervogel/Brut
Wintervogel

LÄNGE: 19–23 cm

SPANNWEITE: 31–44 cm

GEWICHT: 58–101 g

ALTER: 2–3 Jahre in der Natur; bis zu 20 Jahre in Gefangenschaft

STIMME: Der Gesang umfasst ein reiches Repertoire melodisch und mechanisch klingender Laute – darunter auch nachgeahmte Geräusche und Stimmen anderer Vögel; bisweilen dauern die Abfolgen länger als eine Minute.

LEBENSRAUM: Offenes Grasland mit niedrigen Bäumen und Strauchvegetation, Stadtzentren, Gärten, Parks

VERBREITUNG: Gemäßigtes Europa und weite Teile der Paläarktis bis in die westliche Mongolei; gilt in Australien, Neuseeland, Kanada, in den USA, in Mexiko, Argentinien, Südafrika und auf den Fidschi-Inseln als invasive Art

Eier: tatsächliche Größe

Küken

Juveniler Vogel

Die besondere Begabung der Stare, Stimmen zu imitieren, wurde in der Literatur u. a. in den Werken von Plinius dem Älteren und William Shakespeare erwähnt.

▶ **Maßstab 1:1 Lebensgröße**

Seidenschwanz *(Bombycilla garrulus)*

Die Familie Seidenschwänze (Bombycillidae) umfasst drei Arten: neben dem Seidenschwanz noch Zedern- und Blutseidenschwanz. Der Seidenschwanz kommt in den nördlichen Wäldern der gesamten Holarktis vor, also neben der Paläarktis auch in Nordamerika. Er ist ein starengroßer, kompakter Vogel mit dickem Hals und einer spitzen, aufrichtbaren Federhaube. Wie beim Star sind die Flügel breit und zugespitzt, der Schwanz ist stummelig. Mit seiner dezenten rosé-grauen Färbung und der ausdrucksvollen schwarzen Maske gehört er zu den attraktivsten Singvögeln. Kastanienbraune Gefiederpartien finden sich an der Stirn und unter dem Schwanz. Während der Brutzeit fressen die Vögel manchmal auch Insekten, das restliche Jahr über ernähren sie sich fast ausschließlich von Früchten. Nach der Paarung baut das Paar in einem Strauch oder einer Astgabel ein napfförmiges Nest. Beide Eltern füttern auch die Küken gemeinsam, zunächst mit Insekten, später vorwiegend mit Früchten. Im Winter fallen Seidenschwänze auf der Suche nach Nahrung oft in großen Schwärmen in Städte ein. Auf Passanten wirken sie häufig recht zahm, wenn sie durch Obstbäume und Beerensträucher flattern.

STECKBRIEF

Jahresvogel/Brut
Sommervogel/Brut
Wintervogel

LÄNGE: 19–23 cm

SPANNWEITE: 32–35 cm

GEWICHT: 55 g

ALTER: 5 Jahre im Schnitt

STIMME: Kein echter Gesang; hohe, trillernde *sirrr*-Rufe, wenn sie auf der Suche nach Früchten in großen Gruppen umherziehen.

LEBENSRAUM: Nadelwälder in Gewässernähe

VERBREITUNG: Weit verbreitet; brütet in der gesamten Holarktis (einschließlich der Paläarktis)

Seidenschwänze ziehen oft sehr weit umher. Sie haben die erstaunliche Fähigkeit, ihre geliebte Beerennahrung selbst an den unwahrscheinlichsten Orten zu finden. Es wurden sogar schon Schwärme in der Wüste gesichtet, die dort über einsame Beerensträucher herfielen.

Eier: tatsächliche Größe

Weibchen im Nest

Jungvogel

Seidenschwänze vermögen zwar den durch Gärung des Obstes entstehenden Alkohol zu verstoffwechseln, können aber dennoch berauscht werden und sogar daran sterben.

◀ Maßstab 1:1
Lebensgröße

Einige der Flügelfedern von Seidenschwänzen enden in glänzenden roten Tröpfchen, die aussehen wie Siegellack. Mit zunehmendem Alter werden diese größer. Die Schwanzspitzen sind leuchtend gelb. Diese Farben entstehen durch Karotinoidpigmente aus den Früchten, von denen sich die Vögel ernähren.

Bienenfresser *(Merops apiaster)*

Der farbenprächtige, schlanke Bienenfresser gehört systematisch gesehen nicht zu den Sperlingsvögeln, hat aber einige Merkmale mit diesen gemeinsam und wird deshalb hier aufgeführt. Verwandtschaftlich zählt er – wie z. B. auch der Eisvogel – zur Ordnung der Rackenvögel (Coraciiformes). Die gleichnamige Familie Bienenfresser (Meropidae) umfasst drei Gattungen mit 30 von Europa bis Australien verbreiteten Arten. Alle ernähren sich vorwiegend von fliegenden Insekten wie z. B. Bienen, Wespen und Hornissen, die sie von einem freien Ansitz aus blitzschnell im Flug fangen. Der langschnäbelige (Europäische) Bienenfresser brütet in Mittel- und Südeuropa und überwintert im tropischen Afrika. Man findet ihn in ländlichen Gegenden mit Wiesen und Ackerland, bevorzugt in trockenen, offenen Lebensräumen, die ihm die Insektenjagd erleichtern. Gefangene Bienen oder Wespen schlägt er gegen eine harte Oberfläche, bis der Giftstachel abfällt. Sein Prachtkleid ist ausgesprochen bunt und plakativ und bei beiden Geschlechtern gleich – an der Kehle leuchtend gelb, am Bauch türkis, am Rücken rostbraun und mit zwei verlängerten Schwanzfedern. Außerhalb der Brutzeit ist es etwas matter gefärbt, ähnlich wie bei juvenilen Vögeln. Als Balzgeschenk überreicht das Männchen dem Weibchen große gefangene Beutetiere, kleinere verzehrt es selbst. Die meisten Paare leben monogam, als äußerst gesellige Vögel bilden sie aber Kolonien an Steilufern oder Sandgruben, in die sie ihre langen Bruträhren graben. Die 5–8 fast kugeligen Eier werden von beiden Eltern im Wechsel ausgebrütet.

STECKBRIEF

Jahresvogel/Brut
Sommervogel/Brut
Wintervogel

LÄNGE: 27–29 cm

SPANNWEITE: 44–49 cm

GEWICHT: 45–80 g

ALTER: Bis zu 6 Jahre

STIMME: Ein charakteristisches, weiches, flüssiges, rollendes *prürr* oder *krük-krük*

LEBENSRAUM: Offene, trockene Landschaften

VERBREITUNG: Brütet in Süd- und Mitteleuropa, Nordafrika, Südwest- und Vorderasien; überwintert im tropischen Afrika

Etymologie

Der Gattungsname *Merops* ist altgriechisch und bedeutet »Bienenfresser«; der Artname *apiaster* ist lateinisch für »Bienenfresser« und leitet sich von *apis* für »Biene« ab.

▼ Maßstab 1:1 Lebensgröße

Bienenfresser können pro Tag bis zu 250 Bienen verspeisen. Zum Glück für Imker suchen sie nicht gezielt Bienenstöcke auf, um dort Beute zu machen, sondern beschränken sich bei der Insektenjagd auf einen Umkreis von 12 km um ihre Brutkolonien. Außerdem bevorzugen Bienenfresser als Beute nachweislich größere Insekten wie z. B. Libellen gegenüber Bienen.

Eier: tatsächliche Größe

Niströhre

Jungvogel

Wird ihr erstes Gelege zerstört oder die Küken getötet, legen Weibchen mitunter ein zweites Gelege.

▼ Maßstab 1:1 Lebensgröße

Pirol *(Oriolus oriolus)*

Dieser farbenprächtige Singvogel brütet als einziger Vertreter der Familie Pirole (Oriolidae) in den gemäßigten Regionen der Nordhalbkugel. In Europa und in der westlichen Paläarktis ist er Sommervogel – sein Brutgebiet erstreckt sich von der Iberischen Halbinsel bis nach Zentralrussland und in den Nahen Osten. Den Winter verbringt er im zentralen und südlichen Afrika. Zu seinen Lebensräumen in Europa zählen lichte Laubwälder und Schonungen, Feldgehölze, Auwälder, Streuobstwiesen und große Gärten sowie zusammenhängende Misch- oder Nadelwälder – im Winter in Afrika halbtrockene bis feuchte Wälder, Hochwälder, Galeriewälder und Baumsavannen. Das Gefieder des Männchens ist leuchtend gelb mit schwarzen Flügeldecken und schwarzem Zügelband. Das Weibchen ist grünlich gelb mit gelblich weißem Bauch, dunkleren Flügeln und einer hellen, gesprenkelten Brust. Der leicht abwärts gebogene Schnabel ist rosa. Trotz ihrer leuchtenden Färbung sind die scheuen Vögel im Laub schwer zu entdecken. Sie ernähren sich von pflanzlicher und tierischer Kost wie Früchten (zu deren Samenverbreitung sie beitragen), Nektar und Insekten, gelegentlich auch kleinen Agamen.

STECKBRIEF

LÄNGE: 20–25 cm

SPANNWEITE: 44–47 cm

GEWICHT: 79 g

ALTER: Altersrekord: 10 Jahre

STIMME: Ruf ist ein raues *wjäähk*; Gesang ein klangvoll flötendes *dü-delüü-lio.*

LEBENSRAUM: In Europa in lichten Laubwäldern und Forsten, Feldgehölzen, Auwäldern, Streuobstwiesen und großen Gärten; in Afrika in halbtrockenen bis feuchten Wäldern, Wäldern mit hohen Bäumen, Galeriewäldern und Savannen

VERBREITUNG: Europa und übrige westliche Paläarktis, Naher Osten; überwintert in Zentral- und Südafrika

Die männlichen Stärlinge Nord- und Südamerikas sehen mit ihrem gelben oder orangefarbenen Körper mit schwarzen Abzeichen zwar den Pirolen der Alten Welt recht ähnlich, gehören aber einer eigenen Familie an, den Stärlingen (Icteridae).

◀ **Weibchen**

◀ **Maßstab 1:1 Lebensgröße**

Nest und Eier: tatsächliche Größe

Küken

Flügger Jungvogel

◀ Maßstab 1:1 Lebensgröße

◀ Männchen

Etymologie

Der wissenschaftliche Gattungsname des Pirols, *Oriolus*, leitet sich von dem klassischen lateinischen Wort *aureolus* ab, was »golden« bedeutet, der deutsche Name von dem vulgärlateinischen *pyrrhulus* für »rötlich gelb« – mit Bezug auf die Färbung.

23 24 25 26 27 28 29 30 31 32 33 34 35 36 37 38 39 40 41

Singdrossel *(Turdus philomelos)*

Drosseln sind für die Schönheit ihres Gesangs bekannt. Das markante Lied der Singdrossel besteht aus wiederholten melodischen Phrasen und ist so einprägsam, dass es oft in Gedichten zitiert wird. Das Repertoire eines Männchens kann mehr als 100 Phrasen umfassen – davon einige von den Eltern übernommen, weitere von anderen Vögeln, auch nachgeahmte künstliche Laute wie Telefonklingeln sind enthalten. Früher war die weltweit verbreitete Familie Drosseln (Turdidae) viel größer, bis Forschende sie neu klassifizierten und die Unterfamilie Saxicolinae (mit Schmätzern und Rotkehlchen) in die Familie Fliegenschnäpper (Muscicapidae) einordneten. Die Gattung *Turdus*, zu der die Singdrossel gehört, umfasst mittelgroße bis große Arten mit rundem Kopf, länglichen, spitzen Flügeln und lieblichem Gesang. Das Gefieder der Singdrossel ist oberseits warm braun, unterseits cremefarben und ocker. Die Flecken auf der oberen Brust ähneln umgedrehten Herzen oder Pfeilspitzen. Sie brütet in der gesamten Westpaläarktis bis nach Sibirien. Nach Neuseeland und Australien wurde sie eingeführt. Singdrosseln sind Teilzieher – mit Beginn der kalten Jahreszeit ziehen zahlreiche Populationen nach Südeuropa, Nordafrika und in den Nahen Osten. Ihre Nahrung besteht aus weichen Früchten und Beeren und einer breiten Palette wirbelloser Tiere, vor allem Regenwürmern und Schnecken, deren Gehäuse sie auf einem flachen Stein als »Amboss« aufbrechen.

STECKBRIEF

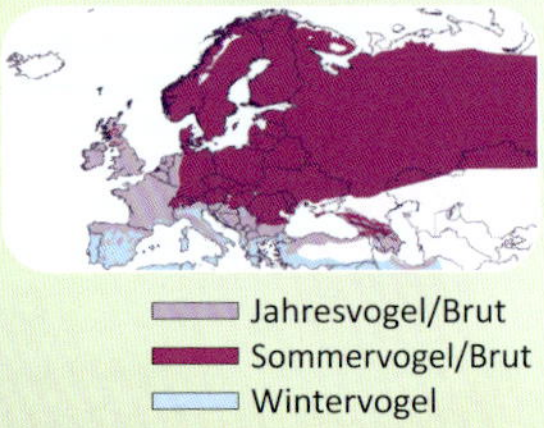

LÄNGE: 20–23 cm

SPANNWEITE: 33–36 cm

GEWICHT: 50–107 g

ALTER: 3–4 Jahre

STIMME: Typischer Ruf ist ein hohes *ziit*; Gesang mit 2- bis 4-mal wiederholten Motiven: *tülip, tülip, tülip – tschidi-trü, tschidi-trü, tschidi-trü – didi, didi, didi.*

LEBENSRAUM: Brütet in Wäldern, in Buschland, Gärten und Parks

VERBREITUNG: Gesamte westliche Paläarktis

Es gibt drei Unterarten der Singdrossel: Den größten Teil des Verbreitungsgebiets der Art deckt die Nominatform ab, *T. p. philomelos*. Die dunkle, meist nicht ziehende *T. p. hebridensis* ist auf den Äußeren Hebriden und der Insel Skye zu finden. *T. p. clarkei* brütet im übrigen Großbritannien und Irland sowie auf dem europäischen Festland in Frankreich, Belgien, den Niederlanden und noch weiter östlich.

▶ Maßstab 1:1
Lebensgröße

Die **Wacholderdrossel** (*Turdus pilaris*) ist in ganz Europa und Asien verbreitet. Ihr Gefieder ist oberseits schiefergrau mit rötlich braunen Flügeldecken, einem schwarzen Schwanz, weißen Unterflügeln und einer gesprenkelten Brust. Diese Vögel sind sehr gesellig und versammeln sich besonders in den Wintermonaten oft in großen Schwärmen, um gemeinsam nach Süden zu ziehen. Wacholderdrosseln bewohnen vorwiegend offene Landschaften, auch Ackerland, Streuobstwiesen und Waldränder. Ihre abwechslungsreiche Nahrung besteht aus Insekten, Beeren und Früchten. Zur Brutzeit bauen Paare meist hoch oben in Bäumen ein napfförmiges Nest.

◄ **Maßstab 1:1 Lebensgröße**

Die **Misteldrossel** (*Turdus viscivorus*) ist die größte europäische Drossel. Sie ist weniger rundlich als die Singdrossel und hat ein blasseres Gefieder in kälteren Brauntönen. Beide Geschlechter ähneln sich: Oberseits sind sie graubraun, Kinn und Kehle sind grauweiß, unterseits blassgelb bis cremeweiß mit schwarzen Flecken. Die Art ist in weiten Teilen Europas, im gemäßigten Asien und Nordafrika heimisch. Der laute, weithin hörbare Gesang des Männchens ertönt sogar bei nassem und windigem Wetter. Die Misteldrossel bewohnt lichte Wälder, Parks, Hecken und kultivierte Flächen. Als Allesfresser ernährt sie sich von einer Vielzahl wirbelloser Tiere, Samen und Früchten, darunter die der Stechpalme, Eibe und auch der Mistel, nach denen sie ihren Namen hat.

Ei: tatsächliche Größe

23 24 25 26 27 28 29 30 31 32 33 34 35 36 37 38 39 40 41

Amsel *(Turdus merula)*

Die Amsel, ein schlanker, mittelgroßer Singvogel aus der weltweit verbreiteten Familie Drosseln (Turdidae), wird bisweilen auch Schwarzdrossel genannt. Sie brütet in Europa, im asiatischen Teil Russlands und in Nordafrika; in Australien und Neuseeland wurde sie eingebürgert. Das Männchen ist mit seinem glänzend schwarzen Gefieder, dem gelben Augenring und dem orangegelben, im Winter etwas dunkleren Schnabel unverwechselbar. Adulte Weibchen sind rußbraun mit weniger auffälligem, gelblich braunem Schnabel, bräunlich weißer Kehle und schwach gestrichelter Brust. Bei beiden Geschlechtern sind die Beine schwarzbraun. Amseln sind Allesfresser und suchen in der Laubstreu nach Regenwürmern und verschiedensten Insekten. Zudem verzehren sie wilde wie auch kultivierte Beeren und andere Früchte. Beim Balzritual stolziert das Männchen im »Imponierschritt« kopfnickend vor dem Weibchen und singt einen gepressten, tiefen Balzgesang. In der Regel bleibt ein Paar das ganze Leben zusammen. Beim Zug bilden Amseln meist kleine Schwärme, im Winterquartier suchen sie in lockeren Gruppen nach Nahrung.

STECKBRIEF

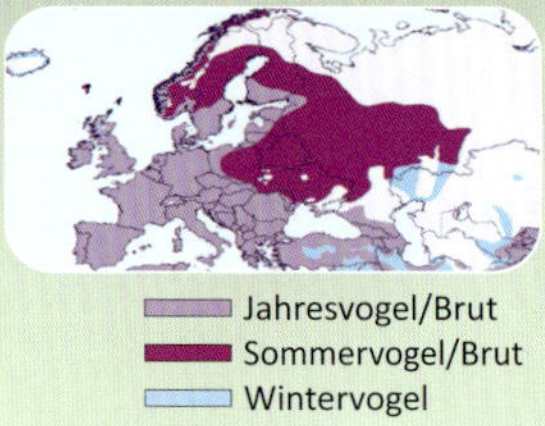

LÄNGE: 23,5–29 cm

SPANNWEITE: 34–39 cm

GEWICHT: 80–125 g

ALTER: 2,4 Jahre im Schnitt; Rekord: 21 Jahre

STIMME: Melodiöser, melancholischer, variabler Gesang mit flötenden, zwitschernden und trillernden Tönen; vielfältige Rufe wie ein nasales, metallisches *tschink*, ein glucksendes *tschuck* oder bei Erregung *tix-tix-tix*

LEBENSRAUM: Wälder, besonders Laubwälder mit dichtem Unterwuchs; die besten Brutplätze bieten Gärten

VERBREITUNG: Gemäßigtes Eurasien, nördliches Afrika; nach Australien und Neuseeland eingeführt

In Städten lebende Amselmännchen überwintern mit höherer Wahrscheinlichkeit in kälteren Regionen als solche in ländlichen Gebieten, die eher nach Süden ziehen – vermutlich wegen des milderen Mikroklimas und leichter verfügbarer Nahrung.

Nest und Eier: tatsächliche Größe

Küken im Nest

Jungvogel

Männchen ▶

▲ Weibchen

Neuntöter *(Lanius collurio)*

Das Verbreitungsgebiet dieses fleischfressenden Singvogels aus der Familie Würger (Laniidae) erstreckt sich von Westeuropa bis nach Zentralrussland. Zum Überwintern zieht er in östliche Regionen des tropischen und ins südliche Afrika. Da er viel im Flug jagt, bevorzugt er lichte Wälder, Buschland und Grasland mit verstreuten Sträuchern. Das Männchen ist am Rücken rotbraun gefärbt, daher heißt der Neuntöter auch Rotrückenwürger; der Oberkopf ist hellgrau. Typisch für Würger ist der markante schwarze Augenstreif, die Maske. Die Unterseite ist creme- bis lachsfarben, der Schwanz schwarz-weiß wie beim Steinschmätzer. Weibchen und juvenile Vögel sind oberseits blasser bräunlich mit leichter Wellenzeichnung, mit weniger ausgeprägter brauner Maske, unterseits beige mit dunklerer Schuppung. Bei Jungvögeln tritt die Zeichnung deutlicher zutage als bei Weibchen. Das Nahrungsspektrum des Neuntöters umfasst Insekten, Kleinvögel, Frösche, Nagetiere und Eidechsen, die er von einer prominenten Sitzwarte aus erbeutet. Gefangene Beutetiere spießt er häufig an Dornen oder Stacheldraht auf und verzehrt sie zu einem späteren Zeitpunkt. Zur Brutzeit wird in dichtem Gebüsch ein napfförmiges Nest gebaut, in welches das Weibchen 4–6 Eier legt, die es etwa zwei Wochen bebrütet. Beide Eltern füttern die Küken gemeinsam. Mit etwa 16 Tagen sind diese flügge.

STECKBRIEF

LÄNGE: 16–18 cm

SPANNWEITE: 24–27 cm

GEWICHT: 20–35 g

ALTER: 3–5 Jahre

STIMME: Gesang schwatzend, zwitschernd mit Imitationen anderer Vogelstimmen; Alarmruf ein schnalzendes *tschäck* oder *teck*, Kontaktruf ein hohes, heiseres *gwää*

LEBENSRAUM: Lichte Wälder, Buschland, Grasland mit vereinzelten Sträuchern und erhöhten Sitzwarten

VERBREITUNG: Brütet in weiten Teilen Europas und Westasien; überwintert im tropischen Afrika

Männchen ▶

Verwandte Art

Deutlich größer als der Neuntöter ist mit 22–26 cm Länge der **Raubwürger** (*Lanius excubitor*), zugleich der größte europäische Würger. Der räuberische Vogel brütet in subarktischen und gemäßigten Klimazonen und bevorzugt offenes Gelände mit Bäumen und Lebensräume mit Büschen, Zaunpfosten oder Stromleitungen. Beide Geschlechter haben ein ähnliches Gefieder – oberseits grau, unterseits weiß und mit schwarzer Maske.

Eier: tatsächliche Größe

Männchen mit frisch geschlüpften Küken

Jungvogel

◀ **Maßstab 1:1 Lebensgröße**

Der Name Neuntöter geht auf den irrigen Volksglauben zurück, der Vogel müsse erst neun Beutetiere aufspießen, bevor er sie verspeist.

▶ **Weibchen**

Eichelhäher *(Garrulus glandarius)*

Das weite Areal dieses mittelgroßen Vertreters der Familie Rabenvögel (Corvidae) erstreckt sich von Westeuropa und Nordwestafrika bis nach Indien, durch Zentralasien bis zur Ostküste und in weite Teile Südostasiens. Das graubraune Gefieder des farbenprächtigen Vogels ist rötlich bis rosa angehaucht, mit markanten schwarzen Bartstreifen, weißlicher Kehle und schwarzem Schwanz. Sehr auffällig ist ein azurblaues Feld mit schmaler schwarzer Bänderung auf den Flügeln. Stirn und Scheitel sind weiß mit schwarzer Strichelung. Eichelhäher bevorzugen bewaldete Lebensräume, insbesondere solche mit vielen Eichen, und sind dafür bekannt, Vorräte an Eicheln anzulegen. Außerdem fressen sie viele Wirbellose, darunter auch Schadinsekten, Bucheckern, Nüsse, Samen, Früchte wie Vogel- und Brombeeren, Eier und Jungvögel sowie kleine Fledermäuse und Nager. Durch den Rückgang waldreicher Gebiete haben sie sich zunehmend an Siedlungen angepasst und besuchen auch oft Futterstellen.

STECKBRIEF

LÄNGE: 34–35 cm

SPANNWEITE: 52–58 cm

GEWICHT: 170 g

ALTER: 1–5 Jahre; Rekord (beringter Vogel): 16 Jahre und 9 Monate

STIMME: Alarmruf ist ein raues Rätschen, *krschäääh*; ahmt als begabter Imitator oft andere Vögel wie Bussarde und Habichte nach

LEBENSRAUM: Wälder, zunehmend auch Siedlungsgebiete

VERBREITUNG: Europa, Nordwestafrika, Asien, Südostasien

▸ Maßstab 1:1 Lebensgröße

Eichen säen

Eichelhäher verfrachten Eicheln nachweislich bis zu 20 km. Vermutlich sind sie mit verantwortlich für die Ausbreitung der Eichen nach Norden nach der letzten Eiszeit, denn ihre Ausbreitung ging mit jener der Stieleiche einher. Ein einzelner Vogel kann jährlich bis zu 1000 Eicheln verbreiten.

Küken, Ei: tatsächl. Größe

Jungvogel

Die intelligenten Vögel legen Vorräte für Notzeiten an. Männchen finden heraus, welche Leckereien ihre potenzielle Partnerin bevorzugt, bieten ihr diese an und beschützen diese Vorräte vor diebischen Vögeln und anderen Tieren.

Viele Unterarten

Der Eichelhäher wird in acht Unterartengruppen untergliedert mit insgesamt 33 Unterarten (Subspezies, Ssp.), die jeweils ganz bestimmte Merkmale aufweisen:

- Nominatgruppe (neun Ssp., Europa); Scheitel gestrichelt.
- *cervicalis*-Gruppe (drei Ssp., Nordafrika); Nacken rotbraun, Rücken grau, Kopfseiten hell, Scheitel gestrichelt o. schwarz.
- *atricapillus*-Gruppe (vier Ssp., Naher Osten, Krim, Türkei); Rücken u. Nacken einheitlich, Scheitel schwarz, Gesicht hell.
- *hyrcanus*-Gruppe (Kaspisch-hyrkanische Mischwälder, Iran); klein, Stirn schwarz, Scheitel breit gestrichelt.
- *brandtii*-Gruppe (vier Ssp., Sibirien, Nordjapan); Scheitel gestrichelt, Kopf rötlich, Iris dunkel, Rücken grau.
- *leucotis*-Gruppe (zwei Ssp. in Südostasien); kein Weiß am Flügel, Stirn weiß, Scheitel schwarz, Kopfseiten mit viel Weiß.
- *bispecularis*-Gruppe (sechs Ssp., Himalajaregion); Scheitel rötlich, nicht gestrichelt, kein weißes Flügelfeld.
- *japonicus*-Gruppe (vier Ssp., südjapanische Inseln); großes weißes Flügelfeld, Gesicht schwärzlich, Scheitel geschuppt.

Dohle *(Coloeus monedula)*

Die gesellige Dohle aus der Familie Rabenvögel (Corvidae) brütet in Westeuropa einschließlich der Britischen Inseln, in Skandinavien, Nordafrika und Westasien. Die nördlichen und östlichen Populationen ziehen im Winter nach Süden. Das Verbreitungsgebiet einer zweiten Dohlenart, der Elsterdohle (*Coloeus dauuricus*), reicht von China und Ostsibirien bis nach Japan. Sie ist kleiner als ihre westliche Verwandte und die bei der Dohle grauen Gefiederpartien sind bei ihr weiß. Die große Ähnlichkeit bezüglich Körperform, Rufen und Verhalten würde es rechtfertigen, beide als eine Art zu klassifizieren. Dagegen spricht, dass sie in der Überlappungszone ihrer Areale in der Mongolei nicht hybridisieren. Das Gefieder der Dohle ist glänzend schwarz, mit violettem oder blauem Schimmer an Scheitel, Stirn und Armschwingen (je nach Unterart) sowie grünblauem Schimmer an Kehle, Handschwingen und Schwanz. Wangen, Nacken und Hals sind silbergrau, die Körperunterseite ist schiefergrau. Der Schnabelansatz ist von Nasalborsten umgeben. Dohlen ernähren sich von Samen, Körnern und Beeren, fressen aber auch Käfer, Puppen, Schnecken, Spinnen, kleine Nagetiere, Eier, Küken und Aas.

STECKBRIEF

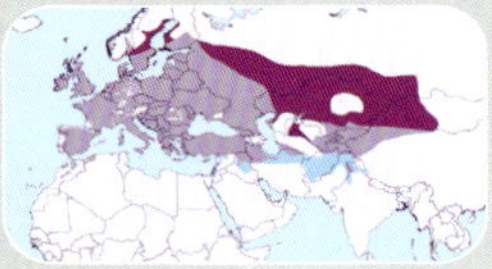

LÄNGE: 34–39 cm

SPANNWEITE: 67–74 cm

GEWICHT: 240 g

ALTER: 5 Jahre; Rekord in der Natur (beringter Vogel): 18 Jahre

STIMME: Kontaktruf ein metallisches, quietschendes *tschack* oder *kjack*; Fütterungsruf erwachsener Männchen ein *kja* oder *kjä*; als begabte Imitatoren können Dohlen zahlreiche Laute nachahmen, einschließlich der menschlichen Sprache.

LEBENSRAUM: Waldsteppen, Wiesen, Rodungsflächen, Kulturland, Küstenklippen, Städte

VERBREITUNG: Weit verbreitet in Europa, Nordafrika und Westasien

Dohlen halten sich an eine strenge Rangordnung, festgelegt durch Verdrängen, Kämpfe und Drohgebärden. Paart sich ein Weibchen mit niedrigem Status mit einem dominanten Männchen, erlangt es dessen Rang.

Eier im Nest

Küken wird gefüttert

◀ Maßstab 1:1
Lebensgröße

Als äußerst wendige Flieger können Dohlen taumeln, gleiten und enge Kurven fliegen. Beim Zug sind die bei kurzen Flügen charakteristischen ruckartigen Flügelschläge nicht zu beobachten.

Etymologie

Der Artname *monedula* (»Mönchlein«) nimmt Bezug auf das Gefieder mit grauer »Kapuze«.

Saatkrähe *(Corvus frugilegus)*

Die Saatkrähe ist die am weitesten verbreitete eurasische Art der Gattung *Corvus*. Sie brütet in der Paläarktis, wobei sich ihr Areal von Westeuropa bis Ostsibirien erstreckt. Die lauten, sehr geselligen Vögel versammeln sich in unterschiedlich großen Schwärmen, darunter auch lebenslang monogame Paare, und bilden Brutkolonien in Baumkronen. Im Winter tun sie sich oft in gemischten Schwärmen mit Dohlen zusammen. Sie bevorzugen Flachlandgebiete wie Agrarflächen mit geeigneten Bäumen zum Nisten und für die Jungenaufzucht. Von anderen Krähen kann man sie anhand der unbefiederten weißlichen Schnabelbasis unterscheiden. Zudem haben sie einen dünneren Schnabel, ein lockeres, durch den Glanz fettig wirkendes Gefieder und befiederte Beine. Mit dem kräftigen Schnabel sucht die Art auf Weiden nach Wirbellosen und deren Larven, frisst aber auch pflanzliches Material, Kleinsäuger, Vögel, Aas und menschliche Abfälle. Saatkrähen sind äußerst intelligent und können durch Teamwork komplexe Aufgaben lösen.

STECKBRIEF

Jahresvogel/Brut
Sommervogel/Brut
Wintervogel

LÄNGE: 44–46 cm

SPANNWEITE: 81–99 cm

GEWICHT: 320–570 g

ALTER: 15–20 Jahre in der Natur; Rekord (beringter Vogel): 23,8 Jahre

STIMME: Ruft heiser, in unterschiedlicher Tonhöhe *gäh* oder *kraah*, in Brutkolonien bei Erregung vielfach wiederholt

LEBENSRAUM: Ackerland und sonstige Agrarflächen in eher flachem Gelände, Waldsteppen und Flussebenen im Tiefland mit vereinzelten Wäldern oder Baumbeständen

VERBREITUNG: In weiten Teilen Europas als Standvogel, vagabundierend in Dänemark und Island

BERGKRÄHEN

Es gibt zwei Arten von Bergkrähen der Gattung *Pyrrhocorax – P. pyrrhocorax*, die **Alpenkrähe** (unten), aus Europa und Nordafrika, sowie *P. graculus*, die **Alpendohle**, aus Spanien, Südeuropa und Zentralasien. Beide Arten der Familie Rabenvögel (Corvidae) haben ein schwarzes Gefieder; Beine, Füße und Schnabel sind leuchtend rot bzw. gelb gefärbt. Mit ihren langen, breiten Flügeln vollführen sie spektakuläre Flugmanöver. Beide Arten bilden lebenslang monogame Paare und nisten in der Regel in Höhlungen oder Spalten einer Felswand. Sie fressen vor allem Wirbellose, aber auch pflanzliches Material und Abfälle aus menschlichen Siedlungen.

Verwandte Art

Saatkrähen gehen lebenslange Paarbindungen ein und bleiben auch im Schwarm als Paar zusammen. Abends sammeln sie sich in ihrer Kolonie und fliegen gemeinsam zum Schlafplatz.

Eine Saatkrähe mit einem erbeuteten Blesshuhn-Ei

Elster *(Pica pica)*

Die Elster gehört zur Familie Rabenvögel (Corvidae), die 18 Arten von Elstern in vier Gattungen umfasst: *Pica*, *Urocissa*, *Cissa* und *Cyanopica*. Bei der 44–46 cm großen Elster macht der Schwanz mehr als die Hälfte der Länge aus. Sie lebt und brütet in allen nördlichen Regionen Eurasiens. Mit ihrem Gefieder gehört sie zu den auffälligsten Rabenvögeln: Kopf, Hals, Brust und Flügel der Elster sind glänzend schwarz mit metallisch grünem oder violettem Schimmer, das Weiß an Bauch und Schulterpartien bildet dazu einen plakativen Kontrast. Erst bei ausgebreiteten Flügeln tritt das Weiß der Handschwingen richtig zutage. Der abgestufte schwarze Schwanz schimmert grün und rötlich violett. Die Weibchen sind ähnlich gefärbt wie die Männchen, aber etwas kleiner. Die monogamen Brutpaare bleiben mehr als eine Brutsaison zusammen, oft sogar ihr Leben lang. Ihre sperrigen, kugelförmigen Nester aus Zweigen und Lehm mit einer Art Überdachung aus losen Zweigen bauen sie in der Regel hoch oben in der Krone hoher Bäume. In das Nest legt das Weibchen 3–6 verhältnismäßig kleine Eier. Während des Brutgeschäfts wird das Weibchen vom Männchen mit Nahrung versorgt. Die Fütterung der Küken übernehmen beide Eltern dann gemeinsam.

STECKBRIEF

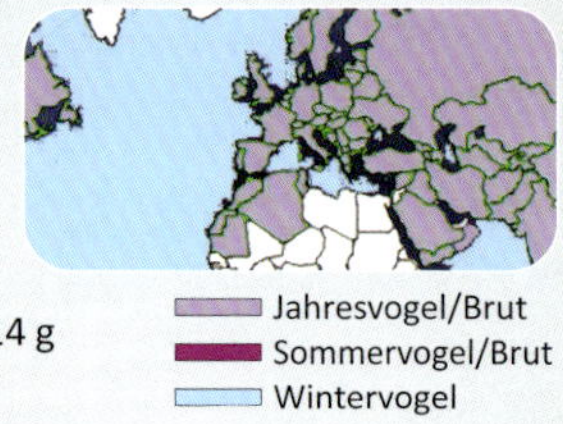

LÄNGE: 44–46 cm

SPANNWEITE: 52–62 cm

GEWICHT: Männchen 210–272 g; Weibchen 182–214 g

ALTER: 4 Jahre im Schnitt; Rekord (beringter Vogel): 21 Jahre

STIMME: Am häufigsten zu hören ist ein krächzendes *schäck-schäck-schäck.*

LEBENSRAUM: Offene Landschaften mit vereinzelten Bäumen, Städte und Stadtränder, Gärten

VERBREITUNG: Im gemäßigten Eurasien von Irland bis zur Halbinsel Kamtschatka im äußersten Osten Russlands

Clevere Vögel

Elstern zählen nicht nur zu den intelligentesten Vögeln, sondern im Hinblick auf ihre sozial-kognitiven Fähigkeiten, kausales Denken, Flexibilität und Vorstellungskraft zu den intelligentesten Tieren überhaupt. Vermutlich stehen sie mit ihrer Begabung Menschenaffen nicht nach, denn sie benutzen Werkzeuge, legen saisonübergreifend Nahrungsvorräte an, fühlen Trauer und erkennen – einzigartig unter Vögeln und auch bei Säugern nur selten – ihr eigenes Spiegelbild.

Nest

Als Allesfresser ernähren sich Elstern von Aas, Abfällen, Insekten und anderen Wirbellosen, Eiern, Nestlingen, kleinen Säugetieren, Sämereien und Früchten.

Elstern legen in der Regel im April ihr Gelege aus 5–7 hell blaugrünen bis dunkel grünlich braunen Eiern mit starker brauner Sprenkelung. Diese werden ausschließlich vom Weibchen 21–22 Tage lang bebrütet.

Bei der Balz spreizt das Männchen sein Gefieder, hebt ruckartig den Schwanz und fächert ihn auf. Durch Spreizen der Schulterpartie treten die weißen Federn zutage. Das Weibchen wird mit deutlich sanfteren Tönen angelockt als dem üblichen rauen Schäckern. Bisweilen schließt sich ein Paarflug an.

Elstern werden oft »diebisch« genannt, weil sie angeblich glänzende Objekte in ihr Nest tragen, was aber nicht stimmt.

Jungvogel

Rabenkrähe *(Corvus corone)*

Krähen sind intelligente, neugierige Sperlingsvögel. Ihre Fähigkeiten, Probleme zu lösen, finden zunehmend Anerkennung. Sie sind äußerst sozial und interagieren oft mit Menschen – zum Vergnügen beider Arten. Die Rabenkrähe ist das Gegenstück zur ebenfalls eurasischen Nebelkrähe (*Corvus cornix*) und zur neuweltlichen Amerikakrähe (*Corvus brachyrhynchos*). Ihr schwarzes Gefieder schimmert grünlich oder violett. Der kräftige Schnabel ist leicht abwärts gekrümmt, über die Nasenlöcher ragt ein Büschel borstiger Federn (»Nasalborsten«). Beine und Füße sind schwarz. Juvenile Vögel erkennt man an ihrem bräunlichen Gefieder. Rabenkrähen sind in Westeuropa und in den östlichen Regionen der Paläarktis beheimatet. Neben Aas jeglicher Art fressen sie auch Insekten, Regenwürmer und andere Wirbellose, Körner, Früchte, Nüsse, Samen, Kleinsäuger, Amphibien sowie Fische und stehlen Vogeleier. Anzutreffen sind sie fast überall, von Wäldern und Mooren bis hin zu Gärten und belebten Städten – häufig einzeln oder paarweise, im Winter bisweilen auch in großen Schwärmen.

STECKBRIEF

LÄNGE: 48–52 cm

SPANNWEITE: 84–100 cm

GEWICHT: 400–600 g

ALTER: 4–10 Jahre

STIMME: Kehliger, leicht vibrierender, tief krächzender Ruf: *kraah*

LEBENSRAUM: Vielfältiges Spektrum wie Wälder, Moorgebiete, Meeresküsten, Feuchtgebiete, Innenstädte, Parks, Gärten und Stadtränder

VERBREITUNG: Fast ganz Europa und weite Teile Asiens

Am Boden bewegen sich Krähen typischerweise schreitend fort und nicht hüpfend wie viele andere Sperlingsvögel.

Küken und Eier: tatsächliche Größe

Juveniler Vogel

Rabenkrähen halten sich gern in der Nähe bestimmter Personen auf, die sie an ihrem Gesicht erkennen. Sie verzehren jegliche Essensreste, die von einem Picknick übrig bleiben, und lernen schnell, dass bei Menschen etwas zu holen ist. Es gibt sogar Berichte von Krähen, die »ihre« Menschen mit Geschenken wie Laschen von Getränkedosen, Muscheln und glatt geschliffenen Steinen belohnen.

Etymologie

In fast allen indogermanischen Sprachen ist die Bezeichnung für »Krähe« ein lautmalerischer Name, der die typischen Lautäußerungen dieser Vögel nachahmt: *kraah* oder *krää*. Rabe bedeutet ebenfalls »Krächzer«.

Nebelkrähe *(Corvus cornix)*

Viele Jahre lang wurden die Nebelkrähe wie auch die Rabenkrähe als Unterarten einer Art mit der Bezeichnung Aaskrähe angesehen, weil sich beide morphologisch stark ähneln und es im Überlappungsbereich ihrer Verbreitungsgebiete zu Hybridisierungen kommt. Beobachtungen zufolge wiesen diese Hybride aber eine geringere Vitalität auf, sodass beiden Unterarten Artstatus zuerkannt wurde. Nebelkrähen sind in ganz Nord-, Ost- und Südosteuropa sowie in Teilen des Nahen Ostens weit verbreitet. In den wärmeren Monaten sammeln sie sich in den nördlichsten Regionen Norwegens, Finnlands und Russlands. Ihr Gefieder ist am Körper glänzend aschgrau mit kontrastierendem Schwarz an Kopf, Flügeln, Schenkeln und Schwanz. Die Iris ist dunkelbraun, Schnabel und Füße sind schwarz. Als notorische Allesfresser haben Nebelkrähen ein breites Nahrungsspektrum – Insekten, Krebse, Weichtiere, Kleinsäuger und Kleinvögel, Eier, Körner, menschliche Essensabfälle und Aas, gelegentlich auch Nestlinge. Nachweislich verstecken sie Nahrung zum späteren Verzehr und suchen nach Nahrungsverstecken anderer Krähen.

STECKBRIEF

LÄNGE: 48–52 cm

SPANNWEITE: 105 cm

GEWICHT: 510 g

ALTER: Im Schnitt vermutlich 4 Jahre; Rekord: 16 Jahre

STIMME: Ähnlich wie die Rabenkrähe, aber etwas weicher; das heisere *krrah* wird meist 3- bis 4-mal wiederholt.

LEBENSRAUM: Wälder, Ackerland, Städte, Gärten

VERBREITUNG: Brütet in Nord- und Osteuropa; Unterarten in Südeuropa und Westasien

Ausmerzung

Von europäischen Landwirten wurden Nebelkrähen einst regelmäßig verfolgt und getötet, ebenso in Großbritannien in jagdlichen Anwesen für die Jagd auf Raufußhühner. In Irland wurden Anfang der 1980er-Jahre innerhalb von zwei Jahren mehr als 23 000 Nebelkrähen ausgemerzt. Inzwischen ist es verboten, sie absichtlich zu töten oder zu fangen.

Vier Unterarten

Von den anerkannten vier Unterarten der Nebelkrähe unterscheidet sich die **Mesopotamische Krähe** (*Corvus cornix capellanus*) möglicherweise deutlich genug, um sie als eigenständige Art einzustufen.

- *C. c. cornix*, die Nominatform, kommt in Kontinentaleuropa, Großbritannien und Irland vor.
- *C. c. sharpii,* benannt nach dem englischen Zoologen Richard Bowdler Sharpe, ist heller grau und von Westsibirien bis zum Kaukasus und Iran verbreitet.
- *C. c. pallescens* kommt in der Türkei und in Ägypten vor und ist ebenfalls blasser gefärbt.
- *C. c. capellanus* ist im Irak und im Südwesten des Irans verbreitet und hat ein blassgraues, fast weißes Gefieder. Eventuell ist sie eine eigenständige Art.

Hartschalige Beutetiere wie Schnecken, Muscheln und Krebse lassen Nebelkrähen ähnlich wie Rabenkrähen auf den Boden fallen, um an den Inhalt zu gelangen.

Nest

Eier: tatsächliche Größe

Jungvogel

◀ Maßstab 1:1
Lebensgröße

Jungvogel

Kolkrabe *(Corvus corax)*

Der Kolkrabe ähnelt einer Krähe, ist aber deutlich größer, kräftiger und hat einen äußerst stattlichen Schnabel. Als am weitesten verbreiteter Rabenvogel kommt er in Nord- und Mittelamerika, Europa und Asien vor. Entwickelt haben sich diese Vögel in der Alten Welt, überquerten dann vor Jahrtausenden die Bering-Landbrücke und besiedelten auch die Neue Welt. Seinen besonderen Erfolg als Art verdankt der Kolkrabe u. a. der Tatsache, dass er ein vielseitiger, anpassungsfähiger Allesfresser ist. Seine Nahrung besteht aus Aas, Insekten, Getreidekörnern, Beeren, Obst, Kleintieren, Eiern, Nestlingen und Speiseresten. Ebenfalls zugute kommt ihm, dass er häufig in Siedlungsgebieten lebt, wo immer mal wieder schmackhafte Essensabfälle anfallen. Junge Kolkraben ziehen in Schwärmen umher. Erwachsene Paare bleiben ein Leben lang zusammen und verteidigen ein eigenes Territorium.

STECKBRIEF

LÄNGE: 58–69 cm

SPANNWEITE: 120–150 cm

GEWICHT: 1,2 kg

ALTER: Mehr als 23 Jahre in der Natur

STIMME: Kurze, wiederholte harte Warnrufe bei Bedrohung, *krack-krack-krack*; bei Störungen am Nest tiefe, raue Laute wie *groog* oder *korrp*

LEBENSRAUM: Nadel- und Laubwälder, Stadtränder, Mülldeponien, Buschland, Gebirge und deren Ausläufer, Strände, Inseln, Steppen, Wüsten, Grasland, Felder, Tundra und Treibeis

VERBREITUNG: Ganz Europa, ganz Asien außer den südlichsten Regionen, mediterranes Afrika, Nord- und Mittelamerika

Es gibt zwei genetisch verschiedene Linien (»Kladen«) des Kolkraben: die kalifornische aus dem Südwesten der USA und die holarktische, die in der übrigen nördlichen Hemisphäre vorkommt. Trotz äußerlicher Ähnlichkeit begannen sich diese Gruppen schon vor etwa 2 Mio. Jahren auseinanderzuentwickeln.

▶ **Maßstab 1:1**
Lebensgröße

Kolkraben sind intelligente, umgängliche Vögel – sie finden Problemlösungen, bauen Bindungen zu Menschen auf und ahmen sogar Wörter nach. Der Tower in London ist für seine ikonischen Raben berühmt, die wie elegant gekleidete Lords und Ladies über das Gelände der alten Festung schreiten. Der Legende nach sollen der Tower wie auch die Monarchie fallen, sollten einmal weniger als sechs Raben vor Ort sein.

Nest

Eier: tatsächliche Größe

23 24 25 26 27 28 29 30 31 32 33 34 35 36 37 38 39 40 41

Ziegenmelker *(Caprimulgus europaeus)*

Der etwa drosselgroße Ziegenmelker, auch als Nachtschwalbe bekannt, gehört zur großen Familie Nachtschwalben (Caprimulgidae). Wie andere Vertreter seiner Gattung hat er an der Schnabelbasis charakteristische steife Borsten, einen breiten Schlund, recht lange, spitze Flügel, ein gemustertes Tarngefieder sowie eine verlängerte Mittelzehe, die als Putzkralle dient. Erwachsene Vögel sind oberseits graubraun mit dunkler Zeichnung und weißem Nackenfleck, unterseits graubraun mit gelbbrauner Bänderung und Fleckung. Die Flügeloberseite ist grau mit hellen Flecken, der Schnabel ist schwärzlich, Beine und Füße sind braun. Unter dem Auge verläuft ein weißlicher Bartstreif. In Ruhestellung sehen Ziegenmelker recht gedrungen aus. Sie jagen im Dämmerlicht auf Sicht Insekten. Da sie recht niedrig fliegen, hebt sich ihre Beute gut als Silhouette gegen den Nachthimmel ab. Ihre großen Augen mit reflektierender Schicht verleihen ihnen eine bessere Sicht im Dunkeln. Zudem macht ihr weiches Gefieder ihren Flug praktisch geräuschlos. Ziegenmelker brüten in ganz Europa sowie in Nordwestafrika, im Iran, Irak und in Zentralasien bis zum Baikalsee und der östlichen Mongolei. Die Überwinterungsgebiete liegen in Afrika südlich der Sahara. Sie bevorzugen trockene, offene Landschaften mit vereinzelten Bäumen und kleinen Sträuchern – Heideflächen, Feldgehölze, Moore, Waldlichtungen und neu angelegte Wälder. Auf Nahrungssuche gehen sie über Feuchtgebieten, kultivierten Flächen oder in Gärten.

Den dämmerungsaktiven Ziegenmelker kann man in der Morgen- und Abenddämmerung bei der Jagd beobachten. Mit seinen spitz zulaufenden Flügeln, dem langen Schwanz ähnelt sein Flugbild dem eines Turmfalken oder Kuckucks. Tagsüber ist er reglos auf einem Ast ruhend mit seinem graubraunen, gesprenkelten Gefieder ausgezeichnet getarnt und fast nicht von furchiger Borke zu unterscheiden. Bisweilen verrät seine Anwesenheit einzig der in der Tonhöhe variierende, schnurrende Gesang des Männchens.

STECKBRIEF

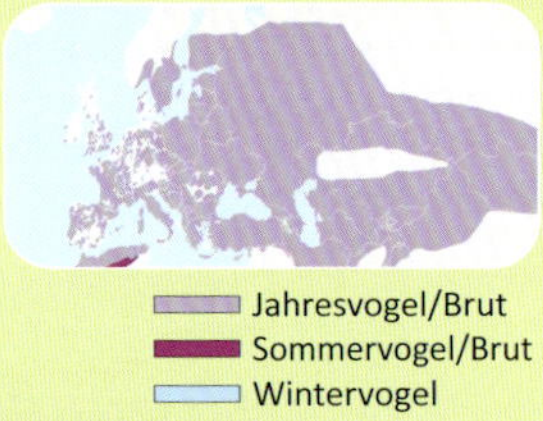

LÄNGE: 24–28 cm

SPANNWEITE: 52–59 cm

GEWICHT: Männchen 50–100 g; Weibchen 67–95 g

ALTER: 4 Jahre

STIMME: Gesang ist ein oft viele Minuten andauerndes Schnurren, *eeerrrörrreeerrrörrreeerrrörrr*; Ruf ein *kruit*.

LEBENSRAUM: Trockene, offene Gebiete mit vereinzelten Bäumen und kleinen Sträuchern

VERBREITUNG: Brütet in Europa, Nordwestafrika, in Asien bis zur Mongolei im Osten; überwintert in Afrika südlich der Sahara

▼ Maßstab 1:1 Lebensgröße

Eier: tatsächliche Größe

Küken

Jungvogel

Nachtschwalben entstanden im Eozän, vor etwa 56–34 Mio. Jahren, sind also deutlich jünger als die meisten Vogelgruppen. Ihre engsten Verwandten sind Eulen und Segler.

Etymologie

Der wissenschaftliche Gattungsname *Caprimulgus* leitet sich von latein. *capra* für »Ziege« und *mulgere* für »melken« ab, weil den Vögeln nachgesagt wurde, sie würden nachts den Ziegen die Milch wegsaugen.

Die **Rothals-Nachtschwalbe** (*Caprimulgus ruficollis*) ist die größte europäische Nachtschwalben-Art. Ihr Brutgebiet ist auf die Iberische Halbinsel und Nordafrika beschränkt. Die flechtengrauen Altvögel mit dem rostfarbenen Halsband sind gelbbraun, kastanienbraun und schwarz gebändert und gestrichelt und damit perfekt getarnt, wenn sie tagsüber lautlos am Boden oder auf Rinde verharren.

Mauersegler *(Apus apus)*

Der weit verbreitete Mauersegler ähnelt zwar einer Schwalbe, ist aber nicht enger mit den Sperlingsvögeln verwandt. Er zählt zu der extrem an ein Leben in der Luft angepassten Familie Segler (Apodidae) in der Ordnung Seglervögel (Apodiformes), die auch die Kolibris einschließt. Der Mauersegler brütet in ganz Europa von Irland und Portugal bis nach China und Sibirien und im Süden bis Marokko und Algerien, Libanon, Syrien und Israel. Zum Überwintern zieht er auf unterschiedlichen Routen ins äquatoriale und subäquatoriale Afrika. Bis auf einen kleinen, weißlich hellgrauen Kehlfleck, den man fast nur aus der Nähe erkennt, ist sein Gefieder komplett schwarzbraun. Charakteristisch sind der kurze, gegabelte Schwanz sowie die sehr langen, sichel- oder bumerangförmigen Flügel. Die Vögel sind in unterschiedlichsten Lebensräumen anzutreffen, von Wüstengebieten und Trockensteppen bis zu Feuchtwäldern, aber auch in Dörfern und Städten. Das Nest wird aus einem Sammelsurium unterschiedlicher Materialien in hoch gelegenen Spalten errichtet, z. B. in Mauerspalten oder unter Dachziegeln.

STECKBRIEF

LÄNGE: 16–17 cm

SPANNWEITE: 38–40 cm

GEWICHT: 45 g

ALTER: 8–10 Jahre; Rekord: 21 Jahre

STIMME: Schrille, hochfrequente, oft aneinandergereihte Flugrufe, *srieeh, srieeh*

LEBENSRAUM: Trockensteppen, Savannen und sonstiges Grasland, Wüsten, Buschland, Regenwälder, Feuchtgebiete, Dörfer und Städte

VERBREITUNG: Europa, Zentralasien, Nordafrika; überwintert in Afrika im Bereich des Äquators und südlich davon

◄ **Maßstab 1:1**
Lebensgröße

Junge Mauersegler können ein paar Tage lang ohne Nahrung überleben, indem sie ihre Körpertemperatur und Stoffwechselrate absenken und in eine Starre (»Torpor«) verfallen.

Segler und Schwalben

Rauchschwalben und Mauersegler jagen auf ähnliche Weise fliegende Insekten, doch bestehen merkliche Unterschiede zwischen diesen Vögeln:

- Der schrille Ruf des Seglers ist viel eindringlicher als das eher plappernde Gezwitscher der Schwalbe.
- Die schmalen, sichelförmigen Flügel des Seglers sind länger als der Körper, sodass seine Silhouette in der Luft einem Anker ähnelt.
- Im Flug schlägt der Segler die Flügel schnell abwärts, mit langen Gleitflugphasen, die Schwalbe flattert mehr und schlägt eher nach hinten.
- Der Segler ist unterseits bis auf den weißen Kehlfleck völlig dunkelbraun, die Schwalbe beigeweiß. Außerdem ist ihr Schwanz tiefer gegabelt.

An Sommerabenden sind Mauersegler oft zu einem Dutzend oder mehr bei sozialen Flugspielen zu beobachten, sogenannten »screaming parties«: Laut rufend fliegen sie dann über das Gebiet ihrer Nistplätze und erhalten Antwort von den brütenden Artgenossen.

Küken und Ei: tatsächliche Größe

Flügger Jungvogel

Die meisten Segler können mit ihren kurzen Beinen nicht sitzen, sondern müssen sich an senkrechte Flächen klammern. Dafür können sie aber im Flug schlafen. Möglich ist dies wohl, weil sie ähnlich wie Delfine und Fregattvögel für kurze Zeit eine oder gar beide Gehirnhälften abschalten und dabei vermutlich mit der Thermik segeln.

Verwandte Art

Der **Alpensegler** (*Tachymarptis melba*) ist vom Mauersegler leicht zu unterscheiden: durch das Weiß an Bauch und Kehle, das durch ein dunkles Band getrennt ist. Außerdem ist er größer. Oberseits ist er dunkelbraun. Alpensegler sind dämmerungsaktiv, zeigen dann eine erhöhte Flugaktivität und fliegen in größerer Höhe. In der Morgen- und Abenddämmerung häufig zu beobachtende längere Horizontalflüge stellen möglicherweise eine Art sozialer Interaktion zwischen einzelnen Vögeln dar. Alpensegler verbringen die meiste Zeit ihres Lebens in der Luft und ernähren sich von Gliederfüßern – fliegenden Insekten und Spinnen, die sie von Bäumen schnappen. Sie trinken im Flug, schlafen in der Luft und ruhen sich nur gelegentlich an senkrechten Klippen oder Mauern aus. Einer Studie von 2013 zufolge können die Vögel mehr als sechs Monate fliegen, ohne zu landen. Die Art brütet in Südeuropa, in Südafrika und in Zentralasien.

▼ Insektenfang im Flug

Türkentaube *(Streptopelia decaocto)*

Die Türkentaube ist eng verwandt mit der Kichertaube (*S. bitorquata*) aus Südostasien und der Lachtaube (*S. roseogrisea*) aus Afrika und bildet zusammen mit diesen einen Artenkreis (»Superspezies«). Ihr Körpergefieder ist beigegrau, teils leicht rosa angehaucht, oberseits oft dunkler, mit einem schwarzen, weiß umrandeten Nackenring. Die Schwanzfedern sind oberseits beigegrau, unterseits dunkelgrau mit weißer Begrenzung am Schwanzende. Die Beine sind rot, der Schnabel ist schwarz, die Iris tief dunkelrot. Die Augen umgibt eine weiße oder gelbliche, unbefiederte Haut. Die entspannten Vögel sind häufig in der Nähe menschlicher Behausungen anzutreffen und besuchen gerne Futterstellen. Große Schwärme fallen in Bauernhöfe ein und verleiben sich dort verstreute Getreidekörner ein. Bei kälterem Wetter machen sich die geselligen Vögel in Schwärmen auf die Suche nach Körnern, Samen, Keimlingen und Insekten, meist sind es 10–50 Vögel, aber auch schon rund 10 000 Individuen wurden dokumentiert. Die Art brütet meist auch in Siedlungsnähe, sofern Bäume vorhanden sind, in die sie ihr Zweignest bauen kann. Paare leben monogam, das Weibchen legt zwei weiße Eier. Die Küken werden von beiden Eltern aufgezogen und mit einem nährstoffreichen Sekret aus dem Kropf (»Kropfmilch«) ernährt.

STECKBRIEF

LÄNGE: 32 cm

SPANNWEITE: 47–55 cm

GEWICHT: 125–240 g

ALTER: 10 Jahre; Rekord in Gefangenschaft: 17 Jahre

STIMME: Rhythmisches, dreiteiliges *hu-huu hu*

LEBENSRAUM: Ackerland, offene Lebensräume, Waldränder in Siedlungsgebieten; bevorzugt Lebensräume, die eine Kombination aus offener Bodenfläche und Bäumen bieten

VERBREITUNG: Heimisch in Europa und Asien; eingeführt nach Japan, Nordamerika und auf Karibische Inseln

Die Männchen veranstalten wie die vieler anderer Tauben spektakuläre ritualisierte Balzflüge, bei denen sie rasch fast senkrecht in beeindruckende Höhe aufsteigen und dann langsam kreisförmig abwärts gleiten, wobei sie die Flügel wie ein umgedrehtes »V« unter dem Körper anlegen.

◀ **Maßstab 1:1 Lebensgröße**

Eier: tatsächliche Größe

Mythen und Legenden

Der wissenschaftliche Gattungsname dieser Taube leitet sich von altgriechisch *streptos* (»Halskette«) und *peleia* (»Taube«) ab. Der Artname ist griechisch für »achtzehn« und geht auf einen griechischen Mythos zurück. Eine hart arbeitende Magd war so unglücklich über ihren mageren Lohn von nur 18 Münzen im Jahr, dass sie die Götter anflehte, dies der Welt zu verkünden. Daraufhin schuf Zeus die Türkentaube, die bis heute *deca-octo* ruft.

Verwandte Art

Die **Turteltaube** (*Streptopelia turtur*) ist zierlicher und leichter als die meisten anderen Tauben und ein Langstreckenzieher. Sie brütet in gemäßigten Regionen der westlichen Paläarktis und überwintert im tropischen Afrika. Beide Geschlechter sind auf den Flügeln zimtbraun mit schwarzen Sprenkeln. Kopf, Nacken, Flanken und Bürzel sind blaugrau, die Brust ist rosa-bläulich. Auffällig ist die schwarz-weiß gestreifte Halspartie. Die Art kommt in dichten Wäldern vor und findet ihre Nahrung, Sämereien und Getreidekörner, am Boden.

Zwei Tage alte Küken im Nest

Ringeltaube *(Columba palumbus)*

Ringeltauben leben und brüten in weiten Teilen Europas und Westasiens. Vögel aus kälteren Regionen des Areals ziehen zum Überwintern in wärmere Gegenden, in den südlichen und westlichen Teilen Europas lebende bleiben großteils ganzjährig. Die stämmige graue Taube ähnelt oberflächlich der Felsen- bzw. Straßentaube und der Hohltaube, ist aber deutlich größer. Zudem weist sie eine metallisch schimmernde und weiße Gefiederpartie an der Halsseite auf, einen weißen Flügelspiegel, und ihre Brust ist rosa überhaucht. Auch ist ihr Auge hellgelb, bei der Felsen- und Straßentaube orange, bei der Hohltaube schwarz. Der weiße Fleck am Hals erscheint erst im Alter von sechs Monaten und ist mit acht Monaten voll ausgebildet. Die Altvögel bauen ihr Zweignest meist in Bäumen in der Nähe von Straßen und Flüssen. Hinsichtlich der Nahrungswahl sind Ringeltauben sehr flexibel, fressen aber überwiegend pflanzliche Kost – u. a. auch Getreidekörner, weshalb sie als Landwirtschaftsschädlinge gelten. In ländlichen Gebieten nisten sie in kleinen Wäldchen am Rand von Feldern, auf denen sie Nahrung finden, in der Stadt kann man sie oft auf Rasenflächen in Parks und Gärten beobachten.

◀ Maßstab 1:1
Lebensgröße

STECKBRIEF

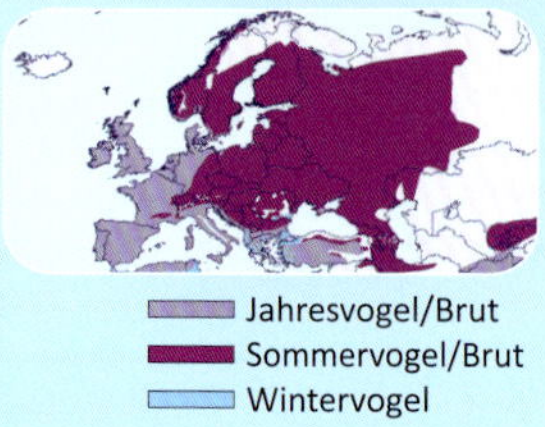

LÄNGE: 38–44 cm

SPANNWEITE: 68–80 cm

GEWICHT: 300–615 g

ALTER: 3 Jahre im Schnitt, Rekord in der Natur: 17 Jahre

STIMME: Gesang aus 4–5 dumpfen, tiefen Tönen mit kurzen Pausen, oft rasch rhythmisch wiederholt und auf der zweiten Silbe betont, *guh-GUH-gu gu-guh*; beim Gurren wird die Kehle aufgebläht, der Schnabel bleibt geschlossen.

LEBENSRAUM: Waldränder, Parks, Gärten und andere Lebensräume in Siedlungsgebieten

VERBREITUNG: In der westlichen Paläarktis heimisch

Balzrituale

Die Brautwerbung von Tauben ist sehr ausdrucksvoll. Das Ringeltauben-Männchen stolziert mit aufgeplustertem Hals, gesenkten Flügeln und aufgefächertem Schwanz auf einem horizontalen Ast. Beim Balzflug steigt es hoch in den Himmel, schlägt klatschend mit den Flügeln und gleitet anschließend wieder herab.

Eier im Nest

Weibchen mit Küken im Nest

Flügger Jungvogel

Aufgeschreckte Ringeltauben erzeugen beim Auffliegen laute Flattergeräusche.

Verwandte Art

Die **Hohltaube** (*Columba oenas*) ist kleiner als die Ringel-, aber größer als die Felsen- bzw. Straßentaube. Ihr überwiegend graues Gefieder ohne weiße Anteile wird durch im Licht grün schillernde Federn am Hals akzentuiert. Auf ihren Flügeln sind zwei unvollständige schwarze Flügelbinden erkennbar, die Flügelspitzen sind schwarz, die Brust ist rosa überhaucht. Als Lebensraum bevorzugt die Hohltaube einen Mix aus altem Baumbestand und offenen Flächen, wie Wälder mit Lichtungen, Parks mit verstreuten Einzelbäumen und Ackerland mit Hecken und Feldgehölzen. Die alten Bäume bieten ihr potenziell Höhlen zum Brüten, die offenen Flächen gute Gelegenheiten zur Nahrungssuche.

Obwohl die Ringeltaube in weiten Teilen ihres Areals intensiv bejagt wird, scheint dies keine allzu großen Auswirkungen auf ihre Population zu haben.

Kleinspecht *(Dryobates minor)*

Diese kleinste europäische Specht-Art ähnelt ihrem größeren Vetter, dem Buntspecht. Ihr großes Verbreitungsgebiet erstreckt sich von der europäischen Atlantikküste über die zentrale Paläarktis bis nach Japan und Korea. Weil der Kleinspecht nur gimpelgroß ist und sich häufig in den Wipfeln hoher Bäume aufhält, ist er meist schwer zu entdecken. Zu erkennen ist er an der schwarz-weißen Bänderung der Flügel. Mit seinen breiten Schultern und dem stummeligen Schwanz ist sein Erscheinungsbild fast dreieckig. Die Männchen haben einen karminroten, schwarz gerandeten Scheitel und unter dem Auge einen schwarzen Zügelstreif. Die weiße Schwanzunterseite ist ebenfalls schwarz gebändert. Bei Weibchen ist der Scheitel weiß, aber Jungvögel beider Geschlechter haben etwas Karminrot am Kopf. In der kalten Jahreszeit ernähren sich Kleinspechte von holzbewohnenden Insekten, in der warmen Jahreszeit eher von an Oberflächen lebenden Insekten wie Blattläusen und von Larven, die sie auch an ihre Jungen verfüttern.

◀ **Maßstab 1:1 Lebensgröße**

STECKBRIEF

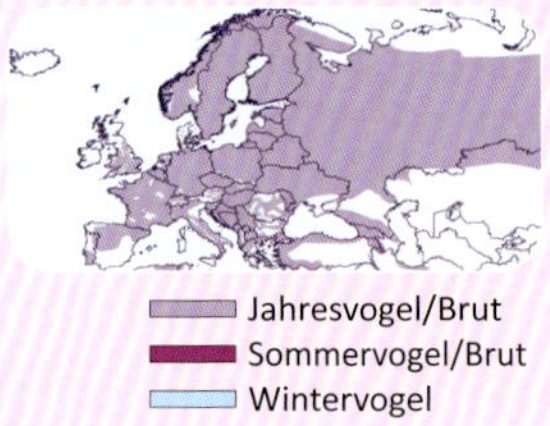

LÄNGE: 14–16 cm

SPANNWEITE: 24–29 cm

GEWICHT: 17–25 g

ALTER: 5–10 Jahre

STIMME: Der Ruf ist ein wiederholtes, nasales *ki-ki-ki-ki*; statt eines Gesangs ertönt in der Balzzeit ein leiser, schnell knatternder Trommelwirbel.

LEBENSRAUM: Dicht bewaldete Gebiete mit hohem Anteil an Totholz oder Auwälder

VERBREITUNG: Von Europa über die zentrale Paläarktis bis zum Pazifik

Eier: tatsächliche Größe

Nisthöhle in einem Baum

Ein faszinierender Verwandter

Die Wendehälse sind eine der vier Unterfamilien der Familie Spechte (Picidae). Ihr Gattungsname *Jynx* leitet sich vom altgriechischen Wort *iunx* für »Vogel« ab. Der **Wendehals** (*Jynx torquilla*) kommt vom Polarkreis bis hinunter ins sonnige Spanien vor. Die meisten Populationen ziehen zum Überwintern nach Afrika südlich der Sahara und Südasien. Oberseits ist sein Gefieder hellbraun gesprenkelt, mit rotbrauner oder schwärzlicher Bänderung und breiter schwarzer Strichelung. Die cremefarbene Unterseite ist braun gesprenkelt. Seinen Namen erhielt der Vogel, weil er seinen Kopf um fast 180 Grad zu drehen vermag – dies tut er z. B., wenn er im Nest gestört wird, und zischt dabei noch schlangenartig. Er ernährt sich von Ameisen, die er mit seiner langen, klebrigen Zunge am Boden aufnimmt.

▼ **Kleinspecht mit Jungvogel**

Buntspecht *(Dendrocopos major)*

Der mittelgroße Buntspecht ist die am weitesten verbreitete Art seiner Gattung in Europa und Asien. Charakteristisch sind sein schwarz-weiß geschecktes Gefieder, der rote Genickfleck und die roten Unterschwanzdecken. Die schwarz-weißen Schwungfedern sind schachbrettartig gemustert. Mit ihrem kräftigen Schnabel hacken die Vögel in Baumrinde nach Nahrung und zimmern in lebendem oder Totholz ihre Bruthöhle, die sie nur mit Holzspänen auspolstern. Ihr Trommeln dient der Kontaktaufnahme oder Reviermarkierung. Spechte erkennen die Gänge von Larven im Holz, indem sie an den Stamm klopfen. An der entsprechenden Stelle meißeln sie ein Loch und ziehen mit ihrer mit Widerhaken besetzten Zunge die Larven heraus. Neben Larven frisst der Buntspecht noch allerlei anderes, u. a. Samen von Kiefernzapfen und sogar Vogeleier und Nestlinge.

◀ **Maßstab 1:1 Lebensgröße**

▲ **Männchen**

STECKBRIEF

LÄNGE: 20–24 cm

SPANNWEITE: 34–39 cm

GEWICHT: 70–98 g

ALTER: 6–11 Jahre

STIMME: Ruft ein kurzes, spitzes *kick*; bei einer Störung wird ein rasselndes Schnarren erzeugt.

LEBENSRAUM: Laubwälder und Mischwälder; Parks und Gärten

VERBREITUNG: In ganz Eurasien von Irland bis nach Japan und in Nordafrika von Marokko bis nach Tunesien

Spechte haben zumeist zygodaktyle Füße – zwei Zehen zeigen nach vorne und zwei nach hinten. Dadurch erlangen sie beim Klettern an Baumstämmen festen Halt und können trotzdem auf Ästen sitzen.

Die sehr alte Linie der Spechte (Fam. Picidae) entstand vermutlich vor etwa 45 Mio. Jahren in Eurasien. Unterschieden werden vier Unterfamilien: die Echten Spechte (Pininae), die Wendehälse (Jyncinae), die tropischen Zwergspechte (Picumninae) sowie die Mausspechte (Sasiinae).

▶ **Weibchen**

Ei: tatsächliche Größe

SCHUTZANPASSUNGEN

Spechte sind mit mehreren Anpassungen ausgestattet, um in Baumstämmen verborgene Insektenlarven zu erbeuten. Zum Beutefang lassen sie ihre ungewöhnlich lange, mit Widerhaken besetzte Zunge vorschnellen, die verblüffenderweise im Schädel aufgerollt wird. Auf der Suche nach Larven hämmern Spechte mit hoher Geschwindigkeit in den Baumstamm – bis zu 25 Mal pro Sekunde. Früher nahm man an, ihr Gehirn werde durch eine aufprallabsorbierende, poröse Schicht geschützt. Wie eine neuere Studie ergab, minimieren Spechte die Notwendigkeit der Stoßdämpfung aber, indem Kopf und Schnabel wie ein steifer Hammer agieren und im Einklang hämmern.

Männchen und Jungvogel (in der Nesthöhle)

Verlassene Spechthöhlen werden oft von anderen Vögeln zum Nisten genutzt, wie Staren, einigen Enten und Eulen. Mitunter ziehen auch Säuger wie Hörnchen ein.

Grünspecht *(Picus viridis)*

Dieser scheue, wachsame Specht ist in seinem gesamten Verbreitungsgebiet leicht zu erkennen – er ist relativ groß, olivgrün und hat einen leuchtend roten Scheitel und Nacken. Männchen wie Weibchen sind oberseits grün und unterseits blass gelblich grün, mit gelbem Bürzel und einer schwarzen Maske um die weißen Augen. Der Bartstreif ist beim Männchen rot mit schwarzem Saum, beim Weibchen gänzlich schwarz. Das Jugendkleid sieht matter und gesprenkelt aus, mit starker Fleckung und Strichelung. Das Verbreitungsgebiet der Art erstreckt sich von Großbritannien über Südskandinavien, den gesamten Mittelmeerraum und im Osten bis nach Zentralrussland. Vermutlich lebt mehr als die Hälfte der derzeitigen Population in Deutschland und Frankreich. Grünspechte brauchen zum Nisten alte Laubbäume – vorzugsweise in der Nähe von halb offenem Gelände mit reichlich Ameisen, auf die sie als Nahrung angewiesen sind. Häufige Nistplätze sind kleine Wälder, Hecken, Waldränder und Einzelbäume, Nahrung suchen sie u. a. in Wiesen, Heiden, Obstgärten und Parks.

STECKBRIEF

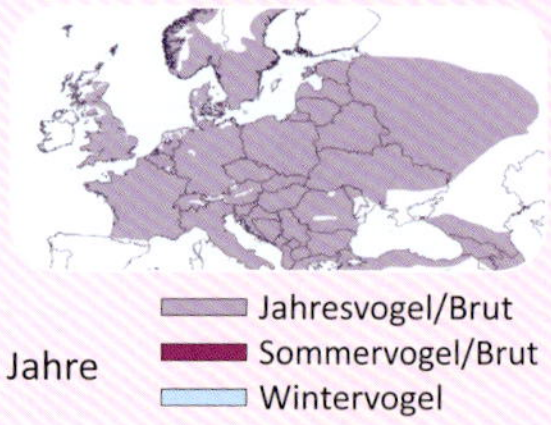

LÄNGE: 30–36 cm

SPANNWEITE: 45–51 cm

GEWICHT: 175 g

ALTER: 5–10 Jahre, Rekord: 15 Jahre

STIMME: Ruft im Fliegen laut *kyü-kyü-kyük*; Gesang ist ein schnell aneinandergereihtes *klü-klü-kü-klü*; bei den Weibchen klingt es dünner *püpü-pü-pü-pü-pü-pü*.

LEBENSRAUM: Gemäßigte Laub- und Mischwälder, gemäßigte Nadel- und Trockenwälder, mediterrane Wälder, kleinere Gehölze, Buschland, Grasland, Plantagen, Streuobstwiesen, Trockenrasen der gemäßigten Zone

VERBREITUNG: Von England und Schottland über Südskandinavien bis in die Mittelmeerregion und nach Osten bis Zentralrussland

Ei: tatsächliche Größe

Jungvogel

◀ Maßstab 1:1
Lebensgröße

▲ **Männchen**

Verwandte Art

Der nah verwandte **Grauspecht** *(Picus canus)* kommt in weiten Teilen der zentralen und östlichen Paläarktis bis hin zum Pazifischen Ozean vor. Im Bezug auf seinen Lebensraum ist er wählerischer als der Grünspecht und bevorzugt Laubwälder mit hohem Totholzanteil. Auch er ernährt sich hauptsächlich von Ameisen, ist aber nicht ausschließlich auf diese Nahrungsquelle angewiesen. Mit 25–26 cm Länge ist er kleiner als der Grünspecht. Der Kopf des Männchens ist grau mit rotem Stirnfleck, beim Weibchen zieren feine schwarze Streifen den Scheitel.

Mit lauten Rufen erregt der scheue Vogel oft die Aufmerksamkeit, bevor man ihn sieht, trommelt aber weniger als andere europäische Arten.

Schwarzspecht *(Dryocopus martius)*

Der etwa krähengroße Schwarzspecht ist ein weiterer stattlicher Vertreter der Familie der Spechte (Picidae). Auch in der Lautstärke steht er einer Krähe kaum nach. Er bewohnt alte Wälder in der gesamten Paläarktis – von Spanien im Westen und Skandinavien im Norden bis nach Japan und Korea im Osten, wo er die einzige Art seiner Gattung ist. Dort besetzt der Schwarzspecht gleiche ökologische Nischen wie der eng verwandte Helmspecht in Nordamerika und der Linienspecht in Südamerika. Außerdem ähnelt er dem Weißbauchspecht, der in Asien südlich von seinem Verbreitungsgebiet vorkommt. Beide Geschlechter sind tiefschwarz, beim Männchen ist der Scheitel komplett rot, beim Weibchen nur am Hinterkopf. Der Schwarzspecht fliegt mit kräftigen Flügelschlägen, aber ohne die bei anderen Spechten zu beobachtenden Wellenbewegungen. Er ernährt sich vorwiegend von Rossameisen und holzbohrenden Käferlarven, die er durch seine Größe und Kraft erbeuten kann. Unter anderem lebt er in borealen Nadelwäldern sowie Buchen- und Mischwäldern, außerhalb der Brutzeit sieht man ihn gelegentlich auch in Waldrandgebieten in der Nähe menschlicher Siedlungen.

STECKBRIEF

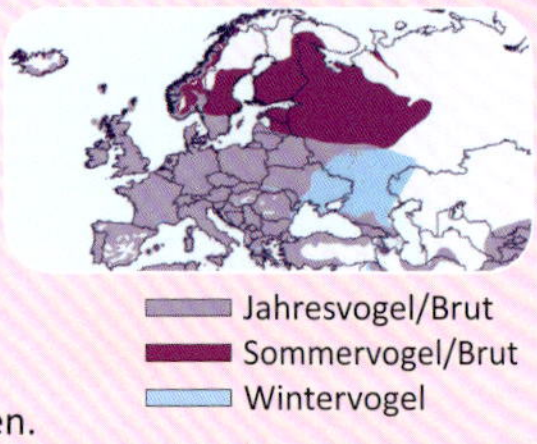

LÄNGE: 45–55 cm

SPANNWEITE: 64–84 cm

GEWICHT: 250–400 g

ALTER: Für beringte Vögel sind 8 Jahre und mehr nachgewiesen.

STIMME: Ruft bei der Landung oder sitzend laut *kliöh*; im Flug ein hohes, weithin hörbares *krrü-krrü-krrü-krrü*

LEBENSRAUM: Boreale Nadelwälder, Buchen- und Mischwälder, Gebirgs- und Tieflandwälder, bewaldete Randbereiche in Siedlungsnähe

VERBREITUNG: Gesamte Paläarktis von Westeuropa bis nach Japan und Korea

Mit seinen kurzen, stämmigen Beinen, festgekrallt an der Rinde mit langen, spitzen Krallen und abgestützt mit dem steifen Schwanz, bringt sich der Schwarzspecht in ideale Position, um tief ins Holz toter Bäume zu meißeln.

▼ **Maßstab 1:1 Lebensgröße**

◀ **Männchen**

Ei: tatsächliche Größe

Weibchen

◀ Männchen

Der Schwarzspecht ist noch immer weit verbreitet und weitet sein Areal sogar noch aus – möglicherweise, weil er überall dort brütet, wo es noch ausgedehnte Wälder gibt.

Kuckuck *(Cuculus canorus)*

STECKBRIEF

LÄNGE: 32–34 cm

SPANNWEITE: 55–60 cm

GEWICHT: Männchen 130 g; Weibchen 110 g

ALTER: Bis zu 6 Jahre

STIMME: Ruft *gu-kuh* oder *ku-kuck*.

LEBENSRAUM: Wälder, Heidegebiete, Ackerland mit Hecken, Sümpfe mit vereinzelten Büschen, Wiesen

VERBREITUNG: Brütet in Europa, in Asien bis Nepal, China und Japan; überwintert im äquatorialen Afrika und sogar in Südafrika

Der Kuckuck ist ein mittelgroßer Zugvogel aus der Ordnung Kuckucksvögel (Cuculiformes), zu der auch Rennkuckucke, Anis und Spornkuckucke gehören. Er kommt in ganz Europa und Asien als Brutvogel vor, überwintert aber im äquatorialen und südlichen Afrika. Typisch sind sein schlanker, grauer Körper, der lange Schwanz und kurze Beine. Im Flug ähnelt er einem Sperber, hat aber spitzere Flügel. Von Weibchen gibt es vereinzelt rötliche Farbmorphen, bei Jungvögeln tritt diese Färbung noch häufiger auf. Bei der Balz sitzt das Männchen mit hängenden Flügeln und aufgefächertem Schwanz auf einem Ast. Der Kuckuck ernährt sich überwiegend von Insekten, insbesondere von behaarten Raupen, die viele andere Vögel verschmähen. Gelegentlich frisst er auch Eier und Nestlinge.

▼ **Maßstab 1:1 Lebensgröße**

Insgesamt unterscheidet man vier Unterarten: neben der Nominatform, *Cuculus canorus canorus,* aus der Nordpaläarktis noch *C. c. bakeri* aus Nordindien, West- und Südchina, die in Südostasien überwintert, *C. c. bangsi* von der Iberischen Halbinsel mit Winterquartier in Afrika und *C. c. subtelephonus* aus Zentralasien, die bei kalter Witterung nach Südasien und Afrika zieht.

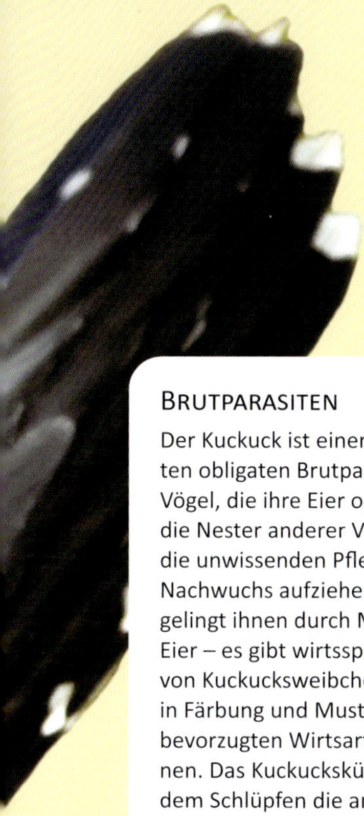

Brutparasiten

Der Kuckuck ist einer der bekanntesten obligaten Brutparasiten – das sind Vögel, die ihre Eier opportunistisch in die Nester anderer Vögel legen und die unwissenden Pflegeeltern ihren Nachwuchs aufziehen lassen. Dies gelingt ihnen durch Mimikry ihrer Eier – es gibt wirtsspezifische Linien von Kuckucksweibchen, die ihre Eier in Färbung und Musterung an die der bevorzugten Wirtsart anpassen können. Das Kuckucksküken stößt nach dem Schlüpfen die anderen Eier oder schon geschlüpften Küken aus dem Nest. Gelegentlich wird es auch mit »Geschwistern« aufgezogen. Kuckucke parasitieren fast 100 Wirtsvogelarten, in Europa u. a. Wiesenpieper, Heckenbraunelle, Teichrohrsänger, Gartengrasmücke, Bachstelze und Rotkehlchen.

Eier in Sumpfrohrsänger-Nest (1:1)

Rotschwanz füttert Kuckucksküken

Verwandte Art

Der afrikanische **Häherkuckuck** (*Clamator glandarius*) kommt auch rund ums Mittelmeer vor. Mit 35–39 cm Länge ist er nur unwesentlich größer als der Kuckuck, wirkt aber wegen der breiten Flügel und des langen, schmalen Schwanzes stattlicher. Beide Geschlechter sehen ähnlich aus – Rücken und Flügel sind grau, ebenso die Haube, Gesicht und obere Brust sind gelblich, die Unterseite ist weiß. Häherkuckucke bevorzugen offenes Gelände mit vereinzelten Bäumen. Im Flug ähneln sie Elstern und rufen variabel *tjerr-tjerr-tje-tje-tje* oder *ki-ki-ki-kriä-kriä-kriä*. Auch sie legen ihre Eier in die Nester von Wirtsarten, aber ihre Küken werfen die anderen Eier oder Nestlinge nicht hinaus. Sie sondern sogar einen abweisenden Duft ab, der Nesträuber fernhält und damit auch ihren »Nestgeschwistern« Schutz bietet.

Turmfalke *(Falco tinnunculus)*

Der elegante Turmfalke sitzt oft auf hohen Klippen, Stromleitungen, Strom- und Telefonmasten und ist in vielen Teilen Eurasiens und Afrikas beheimatet. Er bevorzugt offene Lebensräume – Tundra, Grasland, Buschland, Feuchtgebiete, Felder und Heiden. Dort jagt er in kurzem, steilem Sturzflug Kleinsäuger wie Mäuse, Wühlmäuse und Spitzmäuse. Auf der Suche nach Beute segelt er häufig in Aufwinden oder »steht« rüttelnd in der Luft. Zunehmend ist er auch in Städten anzutreffen. Charakteristisch für das Gefieder des Männchens sind der blaugraue Kopf, die rostbraune Oberseite mit dunklen Rauten sowie der graue Schwanz mit breiter schwarzer Spitze. Das Weibchen ist oberseits und am Kopf bräunlich, mit dunkler Bänderung am Rücken und auf dem braunen Schwanz. Füße, Wachshaut und der schmale Augenring sind bei beiden Geschlechtern leuchtend gelb. Kleinsäuger machen den Großteil der Nahrung von Turmfalken aus. Daneben verschmähen sie auch Heuschrecken, Käfer, Libellen, Schmetterlinge, Spinnen und Frösche nicht.

▶ Maßstab 1:1 Lebensgröße

▲ Männchen

STECKBRIEF

Jahresvogel/Brut
Sommervogel/Brut
Wintervogel

LÄNGE: 32–39 cm

SPANNWEITE: 65–82 cm

GEWICHT: Männchen 135–250 g, im Schnitt 155 g; Weibchen 155–315 g, im Schnitt 185 g

ALTER: 16 Jahre im Schnitt, Rekord: 24 Jahre

STIMME: Ruft laut und hell *kikikikiki*; am Brutplatz vibrierend *wrriiiiih*

LEBENSRAUM: Kleine Wälder, Palmenhaine, Schluchten, Waldtundra, Halbwüsten, Steppen, Parks, Streuobstwiesen, Felder, Städte

VERBREITUNG: Weit verbreitet in Europa, Asien und Afrika, taucht gelegentlich an der amerikanischen Ostküste auf; Vögel aus kälteren Regionen ziehen im Winter nach Süden.

Für den uralten Sport der Falknerei werden Vögel wie Falken, Habichte und auch größere Greife darauf trainiert, von der Hand des Falkners abzufliegen und Vögel oder Kleinsäuger zu jagen. Meist bevorzugen Falkner dazu weibliche Vögel. Falkenmännchen nennt man Terzel.

Der **Rötelfalke** (*Falco naumanni*) ist etwas kleiner als der Turmfalke, mit dem er sein Brutgebiet teilt und zu einem gewissen Grad konkurriert. Das Männchen hat einen ungefleckten, rostroten Mantel, das Weibchen ähnelt im Aussehen dem des Turmfalken.

Im Gegensatz zum Menschen können Turmfalken UV-Licht sehen. Dadurch finden sie Mauselöcher – anhand der im UV leuchtenden Urinspuren um diese herum.

Falken besitzen seitlich am Schnabel einen sogenannten Falkenzahn zum Töten von Beutetieren. Habichtartige wie Bussarde und Adler schlagen und töten ihre Beute dagegen mit den Klauen.

Eier: tatsächliche Größe

Küken

Wanderfalke *(Falco peregrinus)*

Dieser krähengroße Raubvogel erkennt seine Beute aus großer Höhe, taucht dann fast senkrecht ab und schlägt zielgerichtet zu. Weil er ein so erfolgreicher, athletischer Jäger und wegen seines ausgeglichenen Wesens leicht abzurichten ist, wird der Wanderfalke seit mehr als 3000 Jahren in der Falknerei eingesetzt. Sein Rückengefieder ist schiefergrau, der Kopf schwärzlich, die breite, weiße Brust dunkel gebändert. Der Wanderfalke ist der Raubvogel mit der weltweit größten Verbreitung und eine der am weitesten verbreiteten Vogelarten überhaupt. Er brütet in so unterschiedlichen Lebensräumen wie der arktischen Tundra oder tropischen Wäldern. In Städten kann man ihn oft bei der Jagd auf die allgegenwärtigen Tauben beobachten. Zwar erbeutet er auch Kleinsäuger, kleine Reptilien und sogar Insekten, seine bevorzugte Beute sind jedoch mittelgroße Vögel wie Enten-, Hühner-, Sing-, See- und Watvögel, die er meist im Flug schlägt. Gewöhnlich jagt er in der Dämmerung, in Städten bei Nacht. Wanderfalken sind ihr Leben lang monogam. Das Balzritual umfasst akrobatische Flugmanöver mit Spiralen und Sturzflügen. Oft überreicht das Männchen dem Weibchen in der Luft eine leckere Beute, die es kopfüber fliegend entgegennimmt. Sie nisten auf Felsvorsprüngen, mittlerweile auch auf Simsen hoher Gebäude.

STECKBRIEF

Jahresvogel/Brut
Sommervogel/Brut
Wintervogel

LÄNGE: 36–49 cm

SPANNWEITE: 100–110 cm

GEWICHT: Männchen 580–750 g; Weibchen 925–1300 g

ALTER: 10 Jahre, Rekord: 17 Jahre

STIMME: Gackernder Kontakt- und Warnruf, *grä-grä-grä*; durchdringender Alarmruf, *iiek-iiiek, iiiiek*

LEBENSRAUM: Offene Gebiete, Gebirge, Flusstäler, Küstenklippen; kreist oft über Gebäuden und Brücken in Städten

VERBREITUNG: Weltweit außer den extremen Polarregionen; manche in der Arktis brütende Vögel ziehen zum Überwintern nach Südamerika.

▶ Maßstab 1:1 Lebensgröße

Ei: tatsächliche Größe

Küken

Tod von oben

Der Wanderfalke gilt als das schnellste Tier der Welt – im Sturzflug aus mehreren Kilometern Höhe erreicht er bis zu 320 km/h, vergleichbar einem Stein im freien Fall. Bei diesem Herabstürzen auf seine Beute entwickelt er einen solchen Kraftimpuls, dass er sein Ziel mit hoher Wucht trifft. Dabei schlägt er zunächst kräftig mit den Flügeln, legt sie dann eng an den Körper und verringert so den Luftwiderstand. Die Beute wird allein schon durch den harten Aufprall getötet oder er schlägt seine gebogenen Krallen in sie. Wie ein Lenkflugkörper wendet der Wanderfalke die Proportionalnavigation an, d. h., er verfolgt Änderungen seiner Sichtlinie auf sich bewegende Beutetiere und passt sich diesen Veränderungen an. Der Sturz aus großer Höhe ermöglicht den Falken ein präziseres Manövrieren und größeren Jagderfolg aus geringerer Höhe.

Verwandte Art

Der **Baumfalke** (*Falco subbuteo*) ist etwa so groß wie der Turmfalke und brütet fast in der gesamten Paläarktis.

Galerie der Schnäbel

Der Vogelschnabel ist ein Allzweckwerkzeug – eingesetzt zur Nahrungsaufnahme, zur Gefiederpflege, zum Gebrauch von Werkzeugen, zum Beutefang, zum Stochern und Sondieren, für Kämpfe, zur Selbstverteidigung, Balz und Aufzucht des Nachwuchses. Prähistorische Vögel besaßen noch die knöchernen Kiefer und Zähne ihrer Reptilienvorfahren. Doch im Laufe der Evolution wich der schwere Kiefer einem leichten, zahnlosen Hornschnabel, der das Fliegen erleichterte und den Vögeln ermöglichte, schnelle, wendige Beute zu jagen. Mit der Zeit entwickelten sich Anpassungen an spezifische Nahrungsquellen – Pflanzen, Insekten oder sonstige Tiere. Die Schnäbel der heutigen Vögel gleichen Speeren, Lanzen, Haken, Meißeln, Nadeln, Löffeln, Sieben, Sensen, Pinzetten und sogar Keschern.

ANATOMIE DER VOGELSCHNÄBEL

Der Schnabel der meisten Vögel besteht aus dem knöchernen Ober- und Unterkiefer, überzogen mit einer dünnen, verhornten Schicht, der Hornscheide, und weist zwei Nasenlöcher auf. Bei manchen Arten sind diese von einer Wachshaut bedeckt. Die seitliche Schnabelkante ist oft an die Ernährung angepasst: bei Finken mit Kerben zum Aufbrechen von Samenschalen, bei Falken mit einem zahnähnlichen Fortsatz (»Falkenzahn«) zum Durchtrennen der Halswirbel von Beutetieren. Manche insektenfressende Vögel wie Fliegenschnäpper haben sogenannte Nasalborsten an der Schnabelbasis, deren Zweck noch nicht eindeutig geklärt ist.

Bei den Vertretern einiger Familien, etwa bei den Albatrossen und den Emus, ist die Hornscheide aus mehreren Einzelteilen zusammengesetzt, die durch weichere Rillen voneinander getrennt sind – ähnlich wie beim Schnabel primitiver Vögel. Die meisten Vögel haben einen nahtlosen Schnabel.

GROSSER BRACHVOGEL
Er stochert mit seinem kräftigen, abwärts gebogenen Schnabel nach Beute wie Würmern und Krebsen und setzt ihn wie eine Pinzette oder Essstäbchen ein.

BUCHFINK
Finken wie dieser können mit ihrem kräftigen, kegelförmigen Schnabel gut harte Samenschalen knacken, nutzen ihn aber auch wie eine Pinzette, um Samen aus Blütenständen zu holen. Samen sind eine ideale Nahrung für Tiere mit hohem Energiebedarf.

EISVOGEL
Er stößt von einem Ansitz aus oder nach kurzem Rüttelflug ins Wasser und packt einen Beutefisch mit dem dolchförmigen Schnabel. Danach schlägt er ihn gegen den Sitzast, bricht ihm so das Genick und schluckt ihn mit dem Kopf voran.

HAUBENTAUCHER
Dieser Lappentaucher packt tauchend mit seinem schmalen, spitzen Schnabel Krebstiere und andere aquatische Wirbellose sowie kleine Fische, kann damit aber auch Insekten fangen. In der Regel ernähren sich Lappentaucher-Arten mit längerem Hals und Schnabel vorwiegend von Fischen, solche mit kurzem Hals und Schnabel erbeuten eher Insekten.

GRÜNSPECHT
Spechte besitzen einen kräftigen, meißelförmigen Schnabel. Mit diesem suchen sie unter der Borke von Bäumen nach Insekten, zimmern ihre Nisthöhlen in Totholz und bohren Löcher in Baumstümpfe, in denen sie Eicheln verstecken. Der Grünspecht sammelt mit seiner langen, klebrigen Zunge mit Widerhaken vor allem Ameisen auf.

Sperber *(Accipiter nisus)*

Der Sperber ist ein kleiner Greifvogel aus der Familie der Habichtartigen (Accipitridae). Er brütet in fast ganz Eurasien, wobei die in Skandinavien lebenden Vögel zum Überwintern nach Mittel- und Südeuropa ziehen, die osteuropäischen und asiatischen nach Südasien und Nordostafrika. Viele europäische Populationen sind auch Standvögel. Das Gefieder erwachsener Männchen ist oberseits schiefer- oder bläulich grau, unterseits rostfarben gebändert (»gesperbert«). Weibchen und juvenile Vögel sind oberseits braun, unterseits braun gesperbert. Das Weibchen ist bis zu ein Viertel größer als das Männchen – einer der extremsten Größenunterschiede zwischen den Geschlechtern in der Vogelwelt. Die Augen des Sperbers sind auffallend goldgelb. Seine kurzen, breiten, abgerundeten Flügel und der lange Schwanz ermöglichen es ihm, beim Verfolgen von Beute ausgezeichnet zwischen Bäumen hindurchzumanövrieren. Er jagt in fast jedem Lebensraum, auch in Gärten und Stadtparks. Die Männchen erbeuten vor allem Sperlinge, Meisen und Finken, die Weibchen hingegen hauptsächlich Drosseln und Stare, können aber auch Vögel überwältigen, die mehr als 500 g wiegen. Ihr teils bis zu 60 cm großes Nest aus Zweigen bauen Sperber in Bäumen.

STECKBRIEF

LÄNGE:
Männchen 29–34 cm;
Weibchen 35–41 cm

SPANNWEITE:
Männchen 59–64 cm;
Weibchen 67–80 cm

GEWICHT: Männchen 110–195 g; Weibchen 185–340 g

ALTER: 4 Jahre im Schnitt, Rekord in der Natur: 20 Jahre

STIMME: Ein hohes, schnelles *ki-ki-ki-ki* oder *kju-kju-kju-kju*

LEBENSRAUM: Wälder aller Art, Städte, Parks, Gärten

VERBREITUNG: Gemäßigte und subtropische Regionen der Alten Welt

◀ **Juveniles Männchen**

◀ **Maßstab 1:1 Lebensgröße**

Weibchen

Eier im Nest

Altvogel im Nest

Effektive Mimikry

Viele wehrlose Tiere ahmen räuberische nach, aber auch manch andere imitieren gefährlichere Arten. So gleicht z. B. die gebänderte Unterseite des Kuckucks verblüffend der eines Sperbers. Wohl deshalb stellen sich Kleinvögel diesem berüchtigten Brutparasiten, der seine Eier in die Nester anderer Arten legt, weniger wahrscheinlich entgegen, wie eine Versuchsreihe mit ausgestopften Vögeln nahelegte.

In dichter Vegetation verfolgt dieser entschlossene Jäger seine Beute sogar zu Fuß.

In Falknerei und Überlieferungen

Seit mindestens dem 16. Jh. wird der Sperber von Falknern genutzt. Er ist mitunter schwierig für die Beizjagd zu trainieren, aber für seinen Mut bekannt.
Schon immer haben Greifvögel die Fantasie der Menschen beflügelt. So kommt der Sperber z. B. in germanischen Mythen vor und auch in Werken von William Shakespeare, Alfred Lord Tennyson und Ted Hughes.

Habicht *(Accipiter gentilis)*

Die Gattung *Accipiter* umfasst 51 Arten kleiner bis mittelgroßer Habichte und gehört wie Adler, Bussarde und Weihen zur Familie Habichtartige (Accipitridae). Habichte sind meist schlanke Vögel mit kurzen, breiten, abgerundeten Flügeln, langem Schwanz und langen Beinen. Ihre Beute töten sie mit den gebogenen, scharfen Krallen – der scharfe, hakenförmige Schnabel dient nur zum Fressen. Die Art Habicht ist die größte der Gattung und auch die einzige, die sowohl in Eurasien als auch in Nordamerika vorkommt. In Westeuropa ist sie eher spärlich verbreitet, im Rest des Kontinents gibt es weit verbreitete Bestände. In Asien erstreckt sich das Brutgebiet bis nach Westsibirien. Die Form seiner Flügel und des Schwanzes ermöglicht dem Habicht ein wendiges Manövrieren in dichten Wäldern. Oberseits ist er blaugrau oder bräunlich grau, unterseits weiß oder grau mit dunkler Querbänderung. In Eurasien ernähren sich die opportunistischen Greifvögel hauptsächlich von Vögeln, andernorts jagen sie zusätzlich Kleinsäuger. Bevorzugte Beute sind Häher und andere Rabenvögel, daneben oft auch Hühnervögel wie Raufußhühner. Krähen wehren sich gegen den Habicht durch Mobbing – sie bedrängen ihn als Gruppe in der Luft und vertreiben ihn von ihren Nestern. Der Habicht bewohnt meist Laub- und Nadelwälder mit hohen, alten Bäumen und dichtem Blätterdach. Auch nahe gelegene Lichtungen für die Jagd sind von Vorteil.

STECKBRIEF

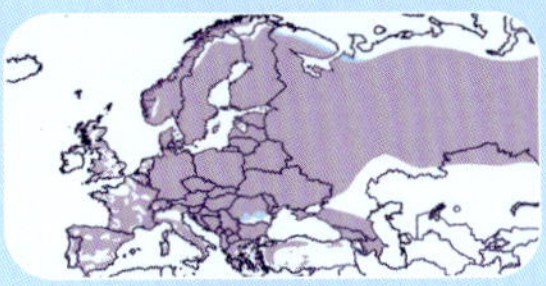

LÄNGE: Männchen 46–63 cm; Weibchen 58–69 cm

SPANNWEITE: Männchen 89–122 cm; Weibchen 108–127 cm

GEWICHT: Männchen 0,66–1,2 kg; Weibchen 0,76–2,2 kg

ALTER: 11 Jahre; Rekord: 17 Jahre

STIMME: Ruft fast nur bei der Balz oder zur Brutzeit; das Männchen ruft in schneller Folge *kja-kja-kja* oder gibt ein krächzendes *gjak* von sich; das Weibchen äußert bei Erregung ein wiederholtes »Gickern«, *gik-gik-gik*.

LEBENSRAUM: Laub- und Nadelwälder mit altem Baumbestand, bewaldete Flächen in größeren Städten

VERBREITUNG: Eurasien einschließlich der Mittelmeerregion und weiten Teilen Nordrusslands

Seit dem 20. Jh. haben die normalerweise eher scheuen Habichte auch dicht bewaldete Gebiete in Großstädten wie Berlin und Hamburg als Lebensraum erobert.

◄ **Maßstab 1:1 Lebensgröße**

Ei: tatsächliche Größe

Flügger Jungvogel

Etymologie

Der Gattungsname stammt aus dem Lateinischen, *accipiter* bedeutet »Habicht«, abgeleitet von *accipere* für »ergreifen«. Der Artname *gentilis* bedeutet »edel« oder »vornehm«, denn im Mittelalter durften nur der Adel oder die Oberschicht mit Habichten jagen.

23 24 25 26 27 28 29 30 31 32 33 34 35 36 37 38 39 40 41

Mäusebussard *(Buteo buteo)*

Bussarde sind mittelgroße, eher langsam fliegende Greifvögel der Gattung *Buteo* aus der Familie der Habichtartigen (Accipitridae). Der häufigste Vertreter dieser Familie in Mitteleuropa ist der Mäusebussard. Sein Brutgebiet erstreckt sich von der Westpaläarktis bis nach Nordwestchina und in die Mongolei. Populationen aus kälteren Regionen suchen im Winter wärmere Gefilde auf, einige fliegen sogar bis nach Südafrika. Kennzeichen des Mäusebussards sind ein runder Kopf, ein schlanker Schnabel, lange Flügel, ein relativ kurzer Schwanz und kurze, unbefiederte Zehen. Er wirkt zwar kompakt, ist aber deutlich größer als ein Turmfalke oder Sperber. Sein Gefieder ist sehr variabel – in Europa reicht das Farbspektrum von fast einfarbig schwarzbraun bis überwiegend weiß. Die meisten Bussarde sind oberseits dunkelbraun, mit braunen Schwungfedern und einem dicht grau- und dunkelbraun gebänderten Schwanz. Der helle Latz kann dunkel gestreift sein, die Brust ist dunkel und typischerweise durch eine helle Querbinde vom helleren Bauch abgesetzt. Der opportunistische Jäger stürzt sich von einem Ansitz aus auf seine Beute. Sein Beutespektrum ist äußerst vielfältig, besteht aber hauptsächlich aus Säugetieren, insbesondere Nagern.

STECKBRIEF

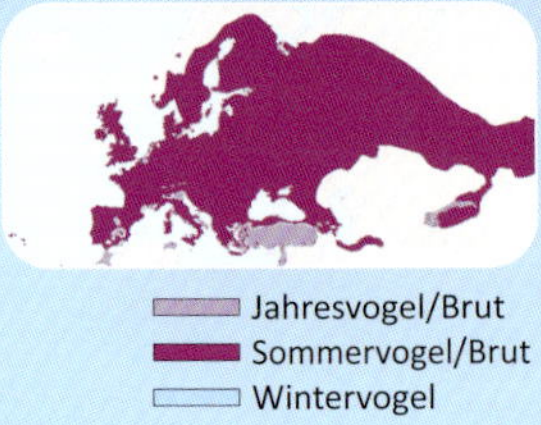

LÄNGE: 40–58 cm

SPANNWEITE: 109–140 cm

GEWICHT:
Recht variabel –
Männchen 0,42–1,18 kg;
Weibchen 0,48–1,37 kg

ALTER: 8 Jahre; Rekord: 25 Jahre

STIMME: Ruf ist ein miauendes, lang gezogenes *hiääh*, das etwa eine Sekunde dauert.

LEBENSRAUM: Grasland, Ackerland, Wälder, Sümpfe, Moore, Buschland, Städte

VERBREITUNG: In ganz Europa, Teilen Asiens einschließlich China, Indien und Russland; Wintergast im Süden Afrikas

▼ Maßstab 1:1 Lebensgröße

Mäusebussarde sind die am weitesten verbreiteten tagaktiven Raubvögel Europas. Ihr weltweiter Bestand wird auf mehrere Millionen geschätzt.

Insgesamt wurden schon mindestens 16 Unterarten beschrieben, von denen bis zu elf als gesichert gelten. Manche Experten erkennen aber lediglich sieben davon an.

Verwandte Art

Der verwandte **Raufußbussard** (*Buteo lagopus*) brütet in der Arktis und Subarktis, zieht aber zum Überwintern in gemäßigte Regionen Eurasiens.

Verwandte Art

Ein weiterer verbreiteter Greifvogel ist der **Wespenbussard** (*Pernis apivorus*). Er ist etwas größer und hat mehr Flügelspannweite als der Mäusebussard. Sein Gefieder ähnelt dem seines kräftigeren Vettern und schützt ihn somit vermutlich vor größeren Raubvögeln. Er brütet in der Westpaläarktis und entflieht dem Winter ins tropische Afrika. Als Nahrungsspezialist ernährt er sich vor allem von Wespen und deren Larven.

Ei: tatsächliche Größe

Jungvögel

Rotmilan *(Milvus milvus)*

Dieser elegante, mittelgroße tagaktive Greifvogel gehört wie Habichte, Bussarde und Adler zur Familie Habichtartige (Accipitridae). Beheimatet ist er in der Westpaläarktis, wobei alle geschätzt 32 000–37 000 Paare in Mitteleuropa brüten, allein etwa die Hälfte davon in Deutschland. Manche Populationen ziehen für den Winter weiter nach Süden oder Westen in mildere Regionen des Kontinents oder nach Nordwestafrika. Als Lebensräume bevorzugt der Rotmilan Wälder, Weiden und andere Agrarflächen sowie Feuchtgebiete. Erwachsene Vögel erkennt man an dem rötlich braunen Körpergefieder mit schwarz gestrichelter Brust und dem gegabelten, rostig orangen Schwanz. Die Flügelenden sind schwarz, im Flug ist unterseits ein weißes Flügelfeld sichtbar. Bei juvenilen Vögeln sind Brust und Bauch gelbbraun. Im Flug schlägt der Rotmilan leicht und entspannt mit den angewinkelten Flügeln und zieht oft träge gleitend Kreise. Er ernährt sich vor allem von Aas, häufig von überfahrenen Tieren, und von Regenwürmern, jagt aber auch kleine Wirbeltiere wie Kaninchen, Wühlmäuse, Mäuse und Vögel. Nach Rückgang einiger Populationen in den 1990er-Jahren ist der Bestand heute stabil und hat teils sogar zugenommen.

STECKBRIEF

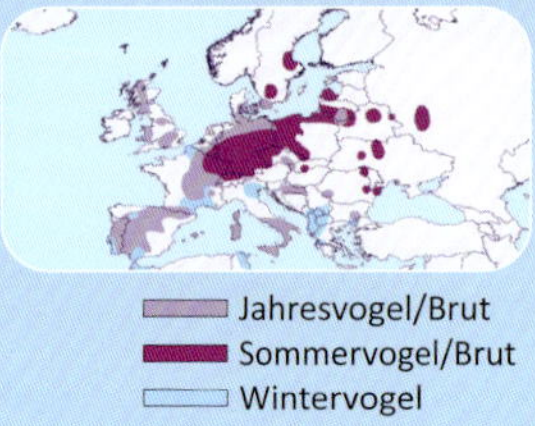

LÄNGE: 60–70 cm

SPANNWEITE: 175–179 cm

GEWICHT: Männchen 0,8–1,2 kg; Weibchen 1–1,3 kg

ALTER: 10 Jahre; Rekord in der Natur: 29 Jahre

STIMME: Ruft ein schnelles, miauendes *wii-uuh, ii-uu ii-uu*, häufig beim Gleitflug; als Alarmruf ein lautes, dünnes Pfeifen

LEBENSRAUM: Laubwälder, unterschiedliches Agrarland, Täler, Ränder von Feuchtgebieten

VERBREITUNG: Westliche Paläarktis; brütet vor allem in Mitteleuropa, der größte Teil der Population in Deutschland

Als Aasfresser ist der Rotmilan besonders anfällig für Vergiftungen. Für Füchse oder Krähen illegal ausgelegte Giftköder töten nicht nur diese, sondern oft auch geschützte Vögel und andere Tiere, die dann unter Umständen von den Milanen gefressen werden.

Verwandte Art

Der elegante **Schwarzmilan** (*Milvus migrans*) ist ein mittelgroßer Greifvogel und kommt in Europa, Asien, Afrika sowie Australien vor. Populationen gemäßigter Gebiete ziehen teilweise, tropische bleiben sesshaft. Er ist etwas kleiner als der Rotmilan und hat generell ein dunkleres Gefieder, hybridisiert aber sowohl in Gefangenschaft als auch in der Natur mit seinem Vetter. Noch in höherem Umfang als beim Rotmilan bilden Aas und Abfälle seine Nahrung, zudem frisst er auch Fische und Kleinsäuger. Sein Ruf klingt schrill wiehernd.

◀ Maßstab 1:1 Lebensgröße

Altvogel im Nest

Küken

Ei: tatsächliche Größe

Rotmilane bauen ihr Zweignest in großen Laubbäumen und vergrößern es im Laufe einer Brutsaison ständig. Oftmals kehrt ein Paar im darauffolgenden Jahr zum selben Nest zurück und baut es noch weiter aus.

Steinadler *(Aquila chrysaetos)*

Der zur Familie Habichtartige (Accipitridae) zählende Steinadler ist einer der größten, schnellsten und wendigsten Greifvögel der Nordhalbkugel. Auch hat er das größte Areal aller Adler. Voll ausgefärbte Vögel haben ein tiefbraunes Gefieder mit goldgelben Federn im Nackenbereich, juvenile einen weißen Schwanz mit schwarzer Endbinde und auch an den Flügeln weiße Partien. Mit seinem mächtigen Schnabel und den tödlichen Fängen ist der Steinadler ein sehr erfolgreicher Jäger. Sein vielfältiges Beutespektrum umfasst u. a. Hasen, Kaninchen, Murmeltiere und Ziesel. Das Streifgebiet eines Steinadlers kann beeindruckende 200 km² umfassen. Die gewöhnlich monogamen Vögel bleiben meist viele Jahre – teils auch ein Leben lang – als Paar zusammen. Über mehrere Jahre kehrt ein Paar immer wieder zu seinem auf Felsvorsprüngen oder an anderen hohen Stellen errichteten Horst zurück und zieht 1–2 Jungvögel auf. Schon im Herbst nach dem Flüggewerden ziehen die Jungvögel alleine los, mit 4–5 Jahren suchen sie sich eigene Reviere. In stark bevölkerten Regionen ist der Steinadler zwar kaum noch zu beobachten, aber dennoch weiterhin weit verbreitet.

◀ **Weibchen**

STECKBRIEF

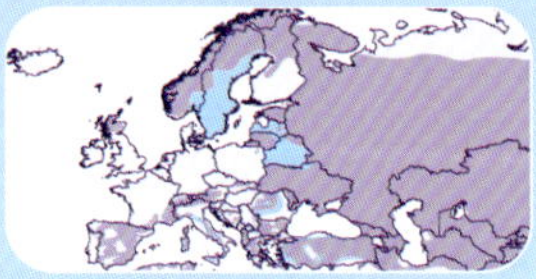

LÄNGE: 70–85 cm

SPANNWEITE: Männchen 189–215 cm; Weibchen 212–220 cm

GEWICHT: Männchen 2,8–4,6 kg; Weibchen 3,8–6,7 kg

ALTER: 30 Jahre und mehr

STIMME: Ein hohes, dünnes Pfeifen im Flug

LEBENSRAUM: Offenes, zerklüftetes Grasland, Heidegebiete, Moore, Bergrücken, Gebirgsausläufer, Felswände und -hänge, Geröllhalden, Gebirgsplateaus

VERBREITUNG: Von Westeuropa nach Osten bis Kamtschatka und Japan, Teile Nordafrikas, Nordamerika

◀ **Maßstab 1:1 Lebensgröße**

Man unterscheidet sechs Unterarten des Steinadlers, deren Unterscheidungsmerkmale jedoch bei allen recht variabel sind – d. h., sie weichen in Größe und Gefiederfärbung nur geringfügig voneinander ab.

Der Steinadler symbolisiert Mut, Stärke, Macht und Weitblick. Er ist Deutschlands Nationalvogel.

Ei: tatsächliche Größe

Der Steinadler gibt nur selten Laute von sich. Zur Brutzeit sind die hohen Bettellaute der Nestlinge aber kilometerweit zu hören. Auch die Eltern verkünden ihre Ankunft am Nest zum Füttern mit Rufen.

Altvogel am Nest mit Küken

23 24 25 26 27 28 29 30 31 32 33 34 35 36 37 38 39 40 41

Seeadler *(Haliaeetus albicilla)*

Der eindrucksvolle Seeadler ist der größte Greifvogel Europas. Zusammen mit anderen tagaktiven Arten gehört er zur Familie Habichtartige (Accipitridae). Das Gefieder adulter Vögel ist braun, Kopf und Hals sind blasser, bisweilen fast weiß, die Schwanzfedern weiß. Die Handschwingen der großen, breiten Flügel sind im Flug aufgefingert, der Schwanz ist kurz und keilförmig. Über erbeutete Eissturmvögel nehmen die opportunistischen Beutegreifer oft Gifte wie DDT und PCB auf, die sich anreichern und dann in ihren Eiern nachweisbar sind. Daneben erbeuten sie Wasservögel, seltener Kaninchen und Hasen, fressen aber auch Aas und stehlen anderen großen Vögeln oder sogar Ottern ihre Beute. Zum Fischfang fliegen sie tief über dem Wasser. Haben sie eine potenzielle Beute erspäht, stoßen sie in einem Bogen hinunter und packen den Fisch mit ihren Fängen. Wenn ein Brutpaar seine Jungen füttern muss, braucht es mehr als doppelt so viel Nahrung wie sonst.

STECKBRIEF

LÄNGE: 66–94 cm

SPANNWEITE: 180–240 cm

GEWICHT: Männchen 3,1–5,4 kg; Weibchen 4–6,9 kg

ALTER: 20–25 Jahre

STIMME: Männchen rufen wiederholt ein hohes *klü-klü-klü* oder *krik-krik-krik*, die Weibchen antworten tiefer *rak-rak-rak.*

LEBENSRAUM: Bevorzugt stehende Gewässer mit großer Wasserfläche – Meerwasserbereiche an der Küste und Binnenseen; daneben Feuchtgebiete, Moore und Flüsse

VERBREITUNG: Im ganzen gemäßigten Eurasien; in Zentralasien lebt die Tieflandart auch in Höhen von 1500–2300 m.

Ei: tatsächliche Größe

Nest

Juveniler Vogel

Wegen starker Bejagung war der Seeadler Anfang des 20. Jh. vielerorts stark dezimiert. Später gingen die Bestände durch DDT-Einsatz zurück. Nach dessen Verbot und strengen Schutzmaßnahmen erholten sich die Bestände seit den 1990ern.

Verwandte Art

Der **Schlangenadler** (*Circaetus gallicus*) verbringt mehr Zeit im Flug als die meisten anderen Vertreter seiner Gattung. Bevorzugt gleitet er in Aufwinden über Berghänge und -kuppen. Meist jagt er auch bei diesen Flügen aus bis zu 500 m Höhe – überwiegend Schlangen.

Steinkauz *(Athene noctua)*

Eulen sind geschickte Jäger, die lautlos fliegend überwiegend nachts jagen. Sie werden in die beiden Familien Eigentliche Eulen (Strigidae) und Schleiereulen (Tytonidae) unterteilt. Der Steinkauz gehört zur Ersteren und lebt als Standvogel in gemäßigten und wärmeren Regionen Europas und in Nordafrika, nach Osten erstreckt sich sein Areal durch die Paläarktis bis nach Korea. Er bevorzugt offenes Gelände – Ackerland mit Hecken und Einzelbäumen, Streuobstwiesen, Waldränder, Steppen, felsiges Gelände, Schluchten, Steinbrüche und Halbwüsten. Kennzeichnend sind der gedrungene, kompakte Körper, ein kurzer Schwanz und ein auffällig flacher Kopf. Der sich über den Augen abflachende Gesichtsschleier verleiht dem Vogel einen finsteren Blick. Oberseits ist das Gefieder gräulich braun mit weißen Flecken, Streifen und Querbinden, unterseits heller mit dunkleren Streifen. Steinkäuze ernähren sich von Insekten, Regenwürmern und anderen Wirbellosen sowie kleinen Wirbeltieren wie Amphibien, Reptilien, Vögeln und Kleinsäugern. Als Höhlenbrüter sieht man sie oft an hohlen Baumstämmen.

◄ Maßstab 1:1
Lebensgröße

STECKBRIEF

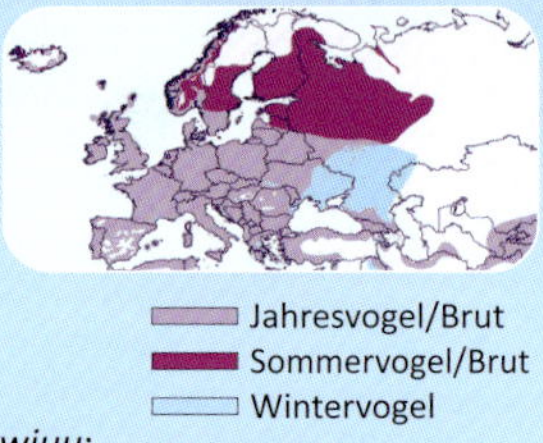

LÄNGE: 20 cm

SPANNWEITE: 56 cm

GEWICHT: 180 g

ALTER: 15–16 Jahre

STIMME: Ruft ein klagendes *kwiuu*; seltener werden flötende oder trillernde Laute erzeugt; Brutpaare singen oft im Duett.

LEBENSRAUM: Offene Lebensräume – Agrarland, Hecken, Streuobstwiesen, Waldränder, Felsgebiete

VERBREITUNG: Gesamte Paläarktis bis nach Korea

Eier: tatsächliche Größe

Der Steinkauz wird traditionell mit Athene, der griechischen Göttin der Weisheit, sowie mit Minerva, der römischen Schutzgöttin des Handwerks, assoziiert und taucht daher häufig auf Münzen und Geldscheinen auf.

Jungvögel

Der **Sperlingskauz** (*Glaucidium passerinum*)) aus der Familie Eigentliche Eulen (Strigidae) ist die kleinste Eule Europas und kommt in den borealen Nadelwäldern im Norden und in Zentraleurasien bis nach Sibirien vor. Sein Gefieder ist dunkel rötlich bis gräulich braun. Der Scheitel ist hübsch cremefarben gefleckt, die Unterseite weiß mit braunen Streifen. Typisch ist der runde Kopf ohne Federohren, mit unauffälligem, graubraunem Gesichtsschleier und weißen Überaugenstreifen. Außerhalb der Brutzeit leben die nachtaktiven Höhlenbrüter meist solitär. Von einem Ansitz stürzen sie sich auf Beutetiere am Boden wie Kleinvögel, Kleinsäuger, Eidechsen und Insekten. In Baumhöhlen legen sie Nahrungsdepots an.

Ungefähr ein Viertel des weltweiten Bestands an Steinkäuzen lebt in Europa.

Eine weitere kleine altweltliche Eule ist die im Schnitt 19–21 cm große **Zwergohreule** (*Otus scops*). Sie hat kleine Federohren und sitzt meist aufrecht auf Ästen. Das Gefieder in unterschiedlichen Brauntönen bietet vor der Borke von Bäumen hervorragende Tarnung. Unterseite und/oder Gesicht sind bisweilen heller gefärbt. Mit ihren langen, schmalen Flügeln ist sie ein kräftiger Flieger – typisch für Zugvögel. Aus ihren Brutgebieten in Südeuropa und Zentralasien fliegt sie zum Überwintern ins äquatoriale Afrika.

Waldohreule *(Asio otus)*

Diese mittelgroße Art der Familie Eigentliche Eulen (Strigidae) brütet in weiten Teilen Europas und der übrigen Paläarktis. Bei ihr sitzen die »Federohren« mittiger am Kopf als bei anderen Arten mit Federohren. Mit ihrem braun-beige gemusterten Gefieder ist sie ausgezeichnet getarnt – vor allem, weil sie gewöhnlich vor ähnlich gefärbten Baumstämmen sitzend schläft. Ihr Kopf ist etwa so breit wie lang und wirkt ziemlich quadratisch. Der schmale Gesichtsschleier ist gelbbraun, der Schnabel schwarz, die Augen sind gelb, die Überaugenstreifen weiß. Charakteristisch sind auch der lange Schwanz und die langen, abgerundeten Flügel, die sich in Ruhestellung auf dem Rücken überkreuzen. Innerhalb ihres riesigen Areals bevorzugt diese Eule offenes Gelände für die Jagd und hohe, dichte Sträucher oder Bäume an Waldrändern zum Nisten und Schlafen. Sie ist fast gänzlich auf kleine Nager als Beute spezialisiert, oft ausschließlich Wühlmäuse, die sie bei Nacht jagt. Im Winter ist die Waldohreule häufig an Gemeinschaftsschlafplätzen anzutreffen.

◀ **Maßstab 1:1 Lebensgröße**

STECKBRIEF

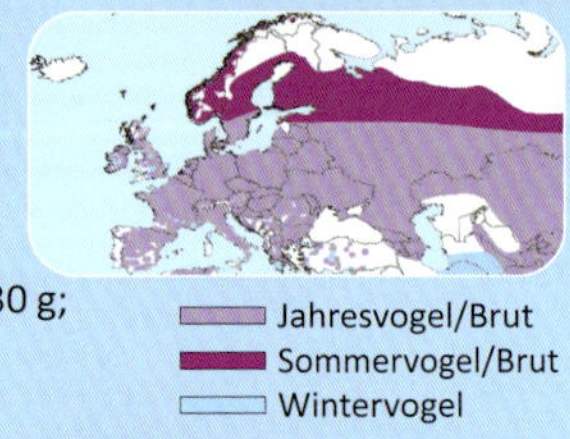

LÄNGE: 31–40 cm

SPANNWEITE: 86–100 cm

GEWICHT: Männchen 160–330 g; Weibchen 180–435 g

ALTER: 10–30 Jahre

STIMME: Ruffreudige Art mit breitem Repertoire – von einem dumpfen *huh* über quäkende und fauchende Laute; daneben andere Geräusche wie Schnabelknappen

LEBENSRAUM: Offene Lebensräume mit niedriger Vegetation und reichlich Beute in der Nähe bewaldeter Deckung

VERBREITUNG: Weite Teile der nördlichen Hemisphäre

Eier: tatsächliche Größe

Küken

Der Name Waldohreule geht auf die Federbüschel am Kopf zurück, die wie Ohren wirken und »Federohren« genannt werden.

Verwandte Art

Ebenfalls weit verbreitet ist die **Sumpfohreule** (*Asio flammeus*). Als tagaktive Art jagt sie bevorzugt in der Dämmerung und sucht Felder nach Kleinsäugern ab. Kennzeichnend für die mittelgroße Eule sind der schleiereulenähnliche runde, beige Gesichtsschleier, der große runde Kopf, sehr kleine Federohren, gelbe Augen, ein schwarzer Schnabel und lange, breite Flügel mit dunklen Spitzen. Ihr markant gestreiftes und gestricheltes Gefieder bietet in offenem Gelände hervorragende Tarnung.

◀ **Junge Waldohreule**

Die Waldohreule hat relativ große Ohröffnungen – wie bei vielen Eulen unterschiedlich hoch am Kopf: die linke höher, die rechte tiefer. Dadurch können die Vögel Geräusche von oben ebenso gut wahrnehmen wie von unten kommende.

Schleiereule *(Tyto alba)*

Diese »mondgesichtige« Art gehört zur zweiten Eulenfamilie, den Schleiereulen (Tytonidae). Dies sind die global am weitesten verbreiteten Eulen mit drei Hauptlinien: der Schleiereule aus Europa, Westasien und Afrika; der Australschleiereule (*T. javanica*) aus Südostasien und Australasien; und der neuweltlichen Amerikaschleiereule (*T. furcata*). Wie ihre nahen Verwandten ist die Schleiereule charakterisiert durch einen großen Kopf mit herzförmigem Gesichtsschleier aus steifen Federn. Dieser Federkranz verstärkt die Schallwellen von Geräuschen und lenkt sie zu den Ohren, wenn die Eule auf Nahrungssuche umherfliegt. Wegen ihres lautlosen Flugs vermag sie jegliche Bewegungen auch von verborgenen Beutetieren wahrzunehmen. Die Schleiereule ist meist hell gefärbt, am Rücken goldbraun, an Brust und Bauch cremefarben, teils gefleckt. Nicht selten treten innerhalb der Art Farbvarianten auf. Die mittelgroße bis große Eule ist relativ schlank, mit kräftigen Beinen und abschreckenden Krallen. In Mittel- und Nordeuropa erbeuten Schleiereulen bei Nacht Wühlmäuse und Spitzmäuse, im Mittelmeerraum eher Echte Mäuse und Ratten. Paare dieser monogamen Höhlenbrüter bleiben gewöhnlich ihr Leben lang zusammen.

STECKBRIEF

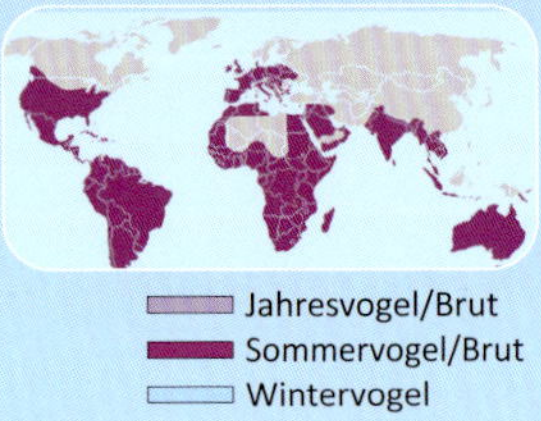

LÄNGE: 33–39 cm

SPANNWEITE: 80–95 cm

GEWICHT: 260–550 g, je nach Unterart

ALTER: 2–4 Jahre im Schnitt, möglicherweise bis zu 34 Jahre

STIMME: Zischende, kreischende und schnarchende Laute

LEBENSRAUM: Offen/halb offen – lichte Wälder, Streuobstwiesen, Grasland, Wüsten; Höfe, Scheunen, Städte, Klippen

VERBREITUNG: Fast weltweit in tropischen, subtropischen und gemäßigten Regionen

Man unterscheidet zwei Unterfamilien der Schleiereulen: die Tytoninae (Schleiereulen i. e. S.) mit Schleiereulen, Graseulen und Verwandten der Neuhollandeule; und die Phodilinae (Maskeneulen) aus Süd- und Südostasien. Letztere haben einen zweigeteilten Gesichtsschleier und Federohren.

◄ Maßstab 1:1 Lebensgröße

Schleiereulen haben ein äußerst empfindliches Gehör, ihre Ohren sind asymmetrisch angeordnet. Ihr Gesichtsschleier lenkt den Schall zu den Ohren. Dadurch können sie Position und Entfernung ihrer Beute äußerst präzise abschätzen und auch bei Dunkelheit erfolgreich jagen.

Schlüpfendes Küken: tatsächl. Größe

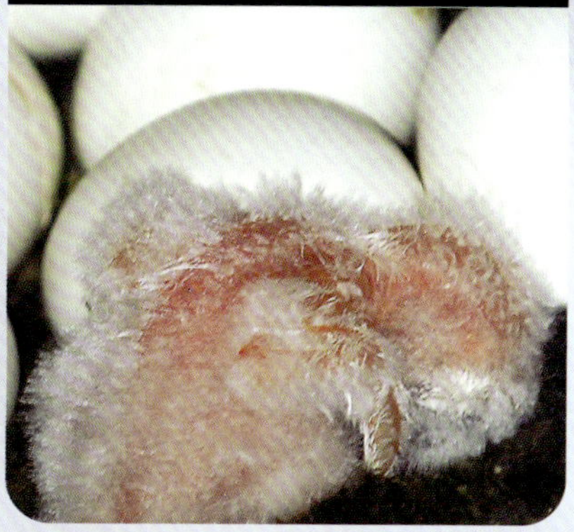

Küken

Jungvogel

Bei Bauern gerne gesehen

Schleiereulen kommen in den unterschiedlichsten Lebensräumen vor, von Wüsten bis zu üppigen Wäldern, in gemäßigten Breiten wie in den Tropen. Unabhängig davon leben und brüten sie aber oft in Menschennähe im Umfeld von Landwirtschaftsbetrieben. Dort zählen sie zu den Hauptfeinden von Agrarschädlingen, die sich von Getreide ernähren und jährlich Ernteverluste in Milliardenhöhe verursachen.

Aberglaube

Wegen des geisterhaften Gesichts, des rauen Kreischens und ihrer Angewohnheit, in Kirchtürmen Unterschlupf zu suchen, rankt sich um die Schleiereule viel Aberglaube. Ihr Kreischen war Vorbild für das Wehklagen der Todesfee (Banshee) der keltischen Mythologie. Werden beim Hindu-Fest Diwali Schleiereulen gesichtet, soll dies viel Glück bringen. Laut einiger Volksmärchen können Schleiereulen als einzige Kreaturen mit Geistern zusammenleben.

Waldkauz *(Strix aluco)*

Der Waldkauz aus der Familie Eigentliche Eulen (Strigidae) hat etwa die Größe einer Ringeltaube, einen rundlichen Körper, ein bräunlich graues Gefieder, aber keine »Federohren«. Sein Gesichtsschleier um die dunklen Augen ist von einem Ring dunkler Federn umrahmt. Es gibt drei Farbvarianten (»Morphe«) – grau, braun und rotbraun – und von Europa bis Westsibirien sieben Unterarten. Als vollkommen nachtaktive Art bekommt man den Waldkauz nur selten zu Gesicht. Bevorzugt lebt er in Wäldern, ist aber auch in anderen Lebensräumen mit Baumbestand wie Stadtparks, Gärten mit passenden Bäumen, Wiesen, Hecken, Feldgehölzen und selbst in dichten Forsten anzutreffen. Zum Brüten suchen sich Paare eine Baumhöhle, nehmen aber auch mit verlassenen Vogelnestern, Eichhörnchenkobeln oder sogar Kaninchenbauen Vorlieb. Ihr Revier kann 12–20 ha groß sein und wird aggressiv verteidigt. Zu Beutetieren des Waldkauzes zählen Kleinsäuger wie Wald- und Wühlmäuse, Kaninchen, Maulwürfe, Kleinvögel, Käfer, Würmer, Frösche und gelegentlich Fische. Bei Nahrungsknappheit verschmäht er auch Aas nicht.

◀ Maßstab 1:1 Lebensgröße

STECKBRIEF

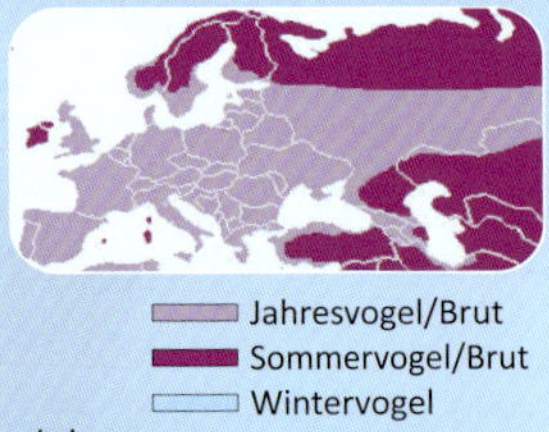

LÄNGE: 37–46 cm

SPANNWEITE: 81–105 cm

GEWICHT: 385–800 g

ALTER: 4 Jahre im Schnitt

STIMME: Bekannteste Rufe sind das vor allem von Weibchen erzeugte *ku-witt* und das lang gezogene *huh-huhuhu-huuh*, mit dem Männchen zur Brutzeit ihr Revier verkünden.

LEBENSRAUM: Laub- und Nadelwälder, buschiges Weide- und Ackerland

VERBREITUNG: Diskontinuierlich verbreitet vom gemäßigten Europa bis nach Westsibirien

Das nächtliche, schaurig klingende *huh-huhuhu-huuh* des Waldkauzes gehört zu den in der Alten Welt am häufigsten zu vernehmenden Eulenrufen.

Eier: tatsächliche Größe

Küken

Jungvogel

Lautlos und tödlich

Wie viele Eulen ist der Waldkauz ein effektiver Jäger – vor allem wegen des fast lautlosen Flugs, durch den Beute keine Chance hat, rechtzeitig zu flüchten. Das lautlose Fliegen ermöglichen die weiche, geräuschdämpfende Federoberfläche und die kammartigen Strukturen am Vorderrand der Handschwingen.

Der Waldkauz fliegt mit langen Gleitphasen und weniger Schlägen seiner abgerundeten Flügel als andere eurasische Eulen – und ist häufig in großer Höhe zu beobachten.

Verwandte Art

Weitere große eurasische Eulen sind der eindrucksvolle **Bartkauz** (*Strix nebulosa*; oben) und der grau bis schokoladenbraun gefärbte **Habichtskauz** (*Strix uralensis*).

Uhu *(Bubo bubo)*

Der stattliche Uhu gehört zu den kraftvollsten, größten Vertretern der Familie Eigentliche Eulen (Strigidae) und ist in fast ganz Eurasien beheimatet. Er jagt zwar nur bei Nacht, ist aber häufig in der Abenddämmerung zu beobachten, wenn er von einer erhöhten Warte nach Beute Ausschau hält. Tagsüber schläft er in schattigen Baumkronen oder Felshöhlen. Bei seinem schnellen Flug kombiniert er leichte Flügelschläge mit langen Gleitphasen. Die 13 anerkannten Unterarten sind recht variabel in Färbung und Musterung ihres Gefieders. Oberseits kann es von schwarzbraun über beigegelbbraun bis zu grau-cremefarben reichen, mit dichter Sprenkelung auf Stirn und Scheitel, Streifen am Nacken und an den Flanken und dunklen Flecken auf den helleren Rückenpartien und im Schulterbereich. Von der Schnabelbasis aus verläuft ein schmales, gesprenkeltes beiges Band bis zum inneren Rand der charakteristischen, schwarzbraunen »Federohren«. Bürzel und Oberschwanzdecken zeigen ein feines dunkles Wellenmuster, Unterflügeldecken und Unterschwanzdecken sind meist kräftig bräunlich schwarz gebändert. Der Gesichtsschleier ist gelbbraun bis beige mit schwarzbraunen Sprenkeln, die nach außen kräftiger werden und das Gesicht einrahmen. Kinn und Kehle sind weiß, die ausdrucksvollen Augen tieforange gefärbt. Uhus sind in verschiedensten Lebensräumen anzutreffen – in Wäldern, Wüsten, im Gebirge, offenen Grasland und in Flusstälern. Hier erbeuten sie gewöhnlich kleine Nager, aber auch Vögel, Reptilien und größere Säugetiere wie Rehkitze oder Füchse.

STECKBRIEF

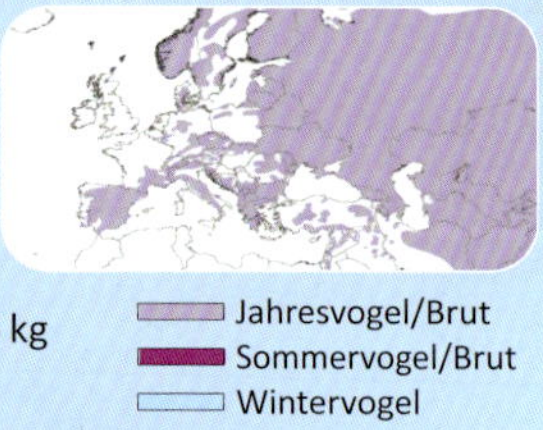

LÄNGE: 56–75 cm

SPANNWEITE: 131–188 cm

GEWICHT: Männchen 1,2–3,2 kg; Weibchen 1,75–4,6 kg

ALTER: 20 Jahre in der Natur
60 Jahre in Gefangenschaft

STIMME: Im Duett ruft das Männchen tief und dumpf *u-uuooh,* das Weibchen ähnlich, aber rauer und heller.

LEBENSRAUM: Variable Naturräume von dichten Nadelwäldern bis zu Felsschluchten und Wüstenrändern

VERBREITUNG: Weite Teile Eurasiens außer der arktischen Region, von der Atlantik- bis zur Pazifikküste

Jungvogel

Küken

Wegen der erhöhten Sterblichkeit durch Stromschlag, Kollisionen mit Fahrzeugen und Abschuss durch Landwirte in Mittel- und Westeuropa wurden Wiederansiedlungsprogramme mit Uhus durchgeführt.

Viele Eulen nehmen eine spezielle Tarnhaltung ein: Vor einem Baumstamm sitzend legen sie ihr Gefieder an und strecken sich, machen sich also lang und schmal. Der Uhu tut das nur selten, sein amerikanischer Vetter, der Virginiauhu, dagegen recht häufig.

Etymologie

Die Gattung *Bubo* – lateinisch für »Eule« – umfasst neben dem Uhu noch weitere Arten, u. a. den Amerikanischen oder Virginiauhu. Dieser besetzt in Nordamerika die gleiche ökologische Nische wie der Uhu in seiner eurasischen Heimat.

Ei: tatsächliche Größe

Waldschnepfe *(Scolopax rusticola)*

Traditionell zählt die Waldschnepfe wie verschiedene Hühnervögel zum »Wildgeflügel«, das zum Verzehr oder als Sport gejagt wird. Sie ist aber kein Hühnervogel, sondern gehört zur Familie Schnepfenvögel (Scolopacidae) in der Ordnung Regenpfeiferartige (Charadiiformes). Die vorwiegend dämmerungsaktive Art kommt in gemäßigten und subarktischen Regionen Eurasiens vor. Ihr Bestand beläuft sich auf schätzungsweise 15–16 Mio. Individuen. Mit ihrer Tarnfärbung – oberseits rötlich braun gemustert, unterseits beigebraun – ist sie in ihrem Waldlebensraum perfekt getarnt. Die weit hinten am Kopf sitzenden Augen ermöglichen der Waldschnepfe eine 360-Grad-Rundumsicht. Mit ihrem langen, zugespitzten, sehr tastempfindlichen Schnabel stochert sie im Boden nach Nahrung wie Regenwürmern, Insekten und deren Larven sowie Pflanzensamen. Wegen dieser Form des Nahrungserwerbs stellt frostige Witterung eine Gefahr für sie dar, weil sie bei gefrorenem Boden keine Nahrung findet. Deshalb ziehen nördliche und asiatische Populationen dann nach Südeuropa bzw. Indien. Waldschnepfen brüten in unfragmentierten Laub- oder Mischwäldern mit dichtem Unterwuchs aus Brombeeren, Haselsträuchern, Ginster, Adlerfarn und Heidelbeeren. Hier suchen sie nach einer Kombination aus trockenen, warmen Schlafplätzen, feuchten Stellen zur Nahrungssuche und Lichtungen zum Fliegen. Die größte Bedrohung für die Art stellt gegenwärtig die zunehmende Zerstückelung geeigneter Waldbiotope dar.

STECKBRIEF

LÄNGE: 33–38 cm; Weibchen sind viel größer als Männchen

SPANNWEITE: 55–65 cm

GEWICHT: 140–230 g

ALTER: 2–7 Jahre

STIMME: Beim Balzflug tiefe, dumpfe Laute (»Quorren«), *kworr-kworr* oder *oart-oart*, abwechselnd mit einem schwachen, hohen *pisp*

LEBENSRAUM: Ausgedehnte, unfragmentierte Feuchtwälder mit dichtem Unterwuchs und feuchtem Boden zur Nahrungssuche

VERBREITUNG: Gemäßigte/subarktische Regionen Europas, Asiens

▶ **Maßstab 1:1 Lebensgröße**

Weibchen im Nest

Die **Bekassine** (*Gallinago gallinago*), ein kleiner, untersetzter Schnepfenvogel mit langem Schnabel, brütet in der gesamten Paläarktis und überwintert im Mittelmeerraum, in Afrika und Südasien. Mit ihrem oberseits tiefbraun gesprenkelten Gefieder mit strohfarbenen Streifen ist sie in Sumpf- und Tundravegetation perfekt getarnt. Aufgescheuchte Bekassinen rufen lautstark ein heiseres *räätsch-räätsch*. Beim Balzflug erzeugen die Männchen durch Vibrieren der abgespreizten Steuerfedern ein meckerndes Geräusch, was zum Spitznamen »Himmelsziege« führte.

Die intelligenten Vögel legen Vorräte an. Die Männchen merken sich, welche Nahrung ihre potenziellen Partnerinnen am liebsten mögen, und bieten ihnen diese als Geschenk an – und sie beschützen diese bevorzugte Nahrung vor anderen Tieren.

Eier: tatsächliche Größe

Die gedrungene **Zwergschnepfe** (*Lymnocryptes minimus*) ist die kleinste Schnepfenart und die einzige ihrer Gattung. Sie hat einen relativ kurzen Schnabel und brütet in Nordeuropa und Russland, meist in Sümpfen, Mooren, in der Tundra und in Feuchtwiesen mit niedrigem Bewuchs. Zum Überwintern zieht sie nach Großbritannien, an europäische Küsten, nach Afrika und Indien. Oberseits ist sie braun gesprenkelt, unterseits hell. Typisch sind der dunkle Augen- und Scheitelstreif. Auf den schmalen, zugespitzten Flügeln sind im Flug gelbliche Streifen erkennbar. Am Boden bewegt sie sich eigenartig knicksend fort.

Rebhuhn *(Perdix perdix)*

Das Rebhuhn ist ein Wildgeflügel aus der Familie Fasanenartige (Phasianidae) in der Ordnung Hühnervögel (Galliformes). Sein wissenschaftlicher Name leitet sich von altgriechisch *perdix* ab und bedeutet auf Lateinisch »Rebhuhn«. Der rundliche Vogel hat einen orangebraunes Gesicht und einen braunen Rücken, Flanken und Brust sind grau und der Schwanz ist rostrot. An den Flanken verlaufen rostrote Streifen, den weißen Bauch ziert bei Männchen und auch bei den meisten Weibchen – allerdings matter – eine kastanienbraune, hufeisenförmige Zeichnung. Das natürliche Verbreitungsgebiet der Art reicht von Europa über die gesamte Paläarktis bis nach Westsibirien, als beliebter Jagdvogel wurde das Rebhuhn zudem nach Nordamerika, Südafrika, Australien und Neuseeland eingeführt. Rebhühner ernähren sich überwiegend von Sämereien, aber insbesondere die Jungvögel fressen als wichtige Proteinquelle zusätzlich Insekten.

STECKBRIEF

LÄNGE: 30–33 cm

SPANNWEITE: 53–56 cm

GEWICHT: 390–500 g

ALTER: Im Schnitt 1,8 Jahre; maximal 4 Jahre

STIMME: Revierruf ist ein hohes, raues *kirräck*; aufgescheucht rufen sie beim Auffliegen *kerr-ititit* oder *rep-rep-rep*.

LEBENSRAUM: Grasland, Ackerland mit intakten Hecken, Steppen, Buschland

VERBREITUNG: Weite Teile Europas und der westlichen Paläarktis bis in den Südwesten Sibiriens

▼ Maßstab 1:1 Lebensgröße

Das Rebhuhn sollte nicht mit Raufußhühnern wie dem Moorschneehuhn verwechselt werden. Beide zählen aber – wie Fasan und Wildtruthuhn – zu den Fasanenartigen.

Zwar gilt die Art als solche noch nicht als bedroht, aber mancherorts gehen die Bestände stark zurück. Ursachen sind der Verlust geeigneter Lebensräume zum Brüten sowie der Einsatz von Insektiziden – Insekten sind eine wichtige Nahrung für Jungvögel.

Eier: tatsächliche Größe

Flügger Jungvogel

Fasan *(Phasianus colchicus)*

Ursprünglich stammt der attraktive Fasan oder Jagdfasan aus Asien und Teilen Europas um die nördlichen Ausläufer von Kaukasus und Balkan, wurde aber in viele Regionen der Welt als Jagdvogel eingeführt und dadurch zu einer der am meisten bejagten Vogelarten der Erde. Zudem wird er wegen der Eier und des Fleischs sowie für den Jagdsport in Zuchtfarmen gezüchtet. Bei der Gefangenschaftszucht kam es durch Kreuzung von Unterarten zu einem so hohen Hybridisierungsgrad, dass manche Unterarten auszusterben drohen. Fasanenhähne sind lebhaft gefärbt: Kopf und Hals sind schillernd blaugrün, hinzu kommen »Federohren«, rote Stirn- und Kinnlappen, ein weißer Halsring und eine rostrote Körperbefiederung mit schwarzen Flecken. Die langen, rotbraunen, dunkel gebänderten Schwanzfedern wurden gerne als Schmuck für Damenhüte verwendet. Die Hennen sind einfarbiger beigebraun, haben aber ebenfalls lange, spitze Schwanzfedern. Farbvarianten (Mutationen) des Fasans reichen von melanistisch (schwarz) bis flavistisch (gelbbraun). Jedes Frühjahr sammelt ein Hahn bis zu ein Dutzend Hennen um sich und steckt mit seinem charakteristischen Ruf ein Revier ab. Fasane ernähren sich sehr vielseitig von Insekten, anderen Wirbellosen, kleinen Wirbeltieren, Samen, Körnern und Früchten.

STECKBRIEF

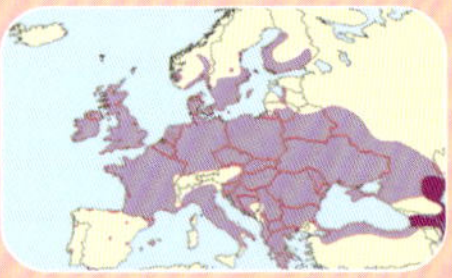

LÄNGE: Männchen 60–89 cm; Weibchen 50–63 cm

SPANNWEITE: 56–90 cm

GEWICHT: 0,75–1,7 kg

ALTER: 11–12 Jahre

STIMME: Hähne rufen ein lautes, abgehacktes *göö-gock*, gefolgt von geräuschvollem Flügelschlagen; aufgescheucht ertönt ein laut krächzendes Gackern.

LEBENSRAUM: Offene Landschaften, Wiesen und Felder, Gestrüpp, Waldränder, Sumpfränder

VERBREITUNG: Ursprüngliche Heimat Zentralasien; eingeführt in Mitteleuropa, Teilen Südeuropas und im zentralen Nordamerika

Eier: tatsächliche Größe

Jungvogel

◀ Maßstab 1:1 Lebensgröße

▶ Weibchen (Henne)

◀ Männchen (Hahn)

Etymologie

Gattungs- und Artname sind aus dem Lateinischen – *phasianus* für »Fasan«, *colchicus* bedeutet »aus Kolchis«, eine Region am Schwarzen Meer im heutigen Georgien. Einst dachte man, die Gattung sei mit Hühnern (Gattung *Gallus*) verwandt, neueren Studien zufolge gehören die beiden aber verschiedenen Unterfamilien an, die sich vor mehr als 20 Mio. Jahren aufspalteten.

Raufusshühner vs. Fasane

Diese ähnlich großen Wildgeflügel gehören beide zur Familie Fasanenartige (Phasianidae) in der Ordnung Hühnervögel (Galliformes), aber Raufußhühner zählen zur Unterfamilie Tetraoninae (teils als eigene Familie Tetraonidae aufgefasst), Fasane zur Unterfamilie Phasianinae. Erstere sind gewöhnlich etwas größer, zeigen aber insgesamt eine weitere Bandbreite bezüglich Körpergröße und Gewicht. Fasane dagegen sind farbenfroher gefiedert und besitzen längere Federn. Raufußhühner sind mit ihrem dichteren Gefieder besser an kühlere Klimata angepasst und i. d. R. Pflanzenfresser, Fasane Allesfresser.

Krickente *(Anas crecca)*

Enten sind Vertreter der 49 Gattungen in fünf Unterfamilien umfassenden Familie Entenvögel (Anatidae) innerhalb der Ordnung Gänsevögel (Anserifomes). Die weit verbreitete Krickente brütet in gemäßigten Regionen von Europa bis Sibirien und überwintert in wärmeren Bereichen des Kontinents, in Afrika oder Südostasien. Ihre Nahrung findet die schnelle, agile Ente an der Wasseroberfläche, bei Störungen fliegt sie unvermittelt auf. Als kleinster Vertreter der Gattung *Anas* (Eigentliche Enten) ist diese Gründelente nah mit der Stockente (*A. platyrhynchos*) verwandt. Im Prachtkleid wirkt der Erpel grau, die Grundfarbe ist aber weißlich mit feinem dunklem Wellenmuster. Oberer Hals und Kopf sind kastanienbraun, von hinter dem Auge bis zum Nacken erstreckt sich ein breiter, grün schillernder Streifen. Die beige Brust ist gefleckt, der Bauch weiß, der Steiß gelblich und die Flanken sind weiß gestreift. Im Schlichtkleid ähnelt das Männchen dem unscheinbareren Weibchen und juvenilen Vögeln. Zur Brutzeit suchen Krickenten geschützte Süßwasserfeuchtgebiete auf – Moore in Nadelwäldern sowie kleine Seen und Teiche mit hohem Röhricht. Im Winter sind sie häufig im Brackwasser und an geschützten Meeresarmen an der Küste anzutreffen. Zu dieser Zeit des Jahres ist die Art ausgesprochen gesellig und bildet große Schwärme, die ähnlich wie Watvögel mit hoher Geschwindigkeit und raschen Wendemanövern fliegen.

STECKBRIEF

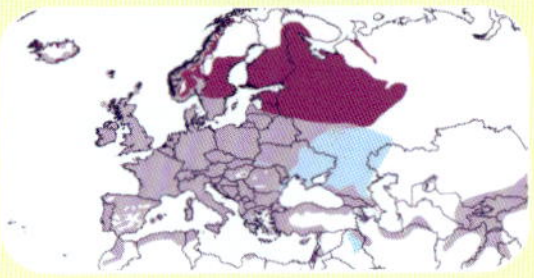

LÄNGE: 34–43 cm

SPANNWEITE: 53–59 cm

GEWICHT: Männchen 360 g; Weibchen 340 g

ALTER: 3 Jahre im Schnitt; Rekord: mehr als 27 Jahre

STIMME: Charakteristischer Ruf des Männchens weithin hörbar, ein helles, klares *krick-krick*

LEBENSRAUM: Feuchtgebiete mit dichter Ufervegetation, Moore, Heidegebiete, Sümpfe, kleine Seen, Teiche

VERBREITUNG: Brütet in der Paläarktis; überwintert in der Mittelmeerregion, auf der Iberischen Halbinsel, in Zentralafrika, Indien und Südostasien

Küken

Männchen ▶

Die ausgesprochen gesellige Krickente bildet außerhalb der Brutsaison riesige Schwärme. In großer Zahl ziehen die Vögel in ihre Winterquartiere ums Mittelmeer und auf der Iberischen Halbinsel.

◀ Maßstab 1:1 Lebensgröße

Schellente *(Bucephala clangula)*

Diese Meerente mit dem großen Kopf, stromlinienförmigen Körper und kurzen Schwanz ist ein ausgezeichneter Taucher. Ihr dunkler Schnabel ist recht klein und schmal, fällt leicht nach vorn ab und verleiht so dem Kopf ein dreieckiges Aussehen. Das schillernde Grün am Kopf des Männchens steht im Kontrast mit dem weißen Wangenfleck und den bernsteinfarben leuchtenden Augen. Das sonstige Gefieder des Erpels ist knackig schwarz-weiß, mit schwarzem Rücken, weißen Flanken und Schultern, wirkt aber überwiegend weiß. Die unscheinbarer gefärbten Weibchen haben einen braunen Kopf ohne Wangenfleck, Rücken und Flügel sind grau, der schwarze Schnabel endet in einer gelben Spitze. Bei beiden Geschlechtern tritt im Flug ein weißes Feld am Flügel zutage. Die kälteresistente Ente nistet als Höhlenbrüter in den nördlichen Nadelwäldern der Paläarktis bis Sibirien und in Nordamerika. Sie ernährt sich von Krebstieren wie Krabben, Garnelen, Krebsen, Rankenfüßern und Flohkrebsen, von Weichtieren wie Muscheln und Schnecken, von Insekten wie Wasserwanzen und Käfern sowie Köcherfliegen-, Libellen- und Eintagsfliegenlarven. Daneben erbeutet sie kleine Fische und frisst Fischeier.

◀ **Weibchen**

STECKBRIEF

LÄNGE: 40–51 cm

SPANNWEITE: 77–83 cm

GEWICHT: 600–1300 g

ALTER: Rekord: 20 Jahre

STIMME: Balzruf des Erpels ist ein kurzes, vibrierendes *kwirr*; Weibchen äußern bei Störungen ein raues *garr-garr.*

LEBENSRAUM: Verschiedene Feuchtgebiete wie Seen und Flüsse in Wäldern; im Winter auch Meeresküsten und Salzwasserbuchten

VERBREITUNG: Weit verbreitet in weiten Teilen Europas, Asiens und Nordamerikas

Männchen (vorn) und Weibchen

Etymologie

Der Gattungsname *Bucephala* stammt von altgriechisch *boukephalos* für »stierköpfig« und nimmt Bezug auf die klobige Kopfform dieser Ente.

◀ **Männchen**

◀ **Männchen**

◀ **Maßstab 1:1 Lebensgröße**

Küken

Ei: tatsächliche Größe

Tafelente *(Aythya ferina)*

Diese mittelgroße Tauchente hält sich bevorzugt an Gewässern auf, die tief genug zum Tauchen sind und am Ufer durch dichten Bewuchs Schutz bieten. Ihr Areal reicht vom gemäßigten Europa durch die Paläarktis und südlich bis nach Nordafrika. Als Wintergast taucht sie in warmen Regionen Europas, in Afrika und in Asien von Indien bis China auf. Nach dem Zug bildet die gesellige Art große Schwärme, oft zusammen mit anderen Tauchenten wie Reiherenten. Die Erpel sind gekennzeichnet durch einen kräftig kastanien- bis rostbraunen Kopf und einen blassgrauen Körper mit schwarzer Brust. Über den schwarzen Schnabel verläuft eine blaugraue Binde. Die Weibchen sind grau-braun gesprenkelt mit schuppenartig gemustertem Rücken und graubraunem Kopf. Ihre Nahrung – Wasserpflanzen, Weichtiere, Wasserinsekten und kleine Fische – finden Tafelenten vor allem tauchend, aber auch gründelnd, oftmals bei Nacht. Leider gehen die Bestände der Art in einigen Ländern wegen Lebensraumverlust oder übermäßiger Bejagung stark zurück, sodass sie als »gefährdet« eingestuft wird.

STECKBRIEF

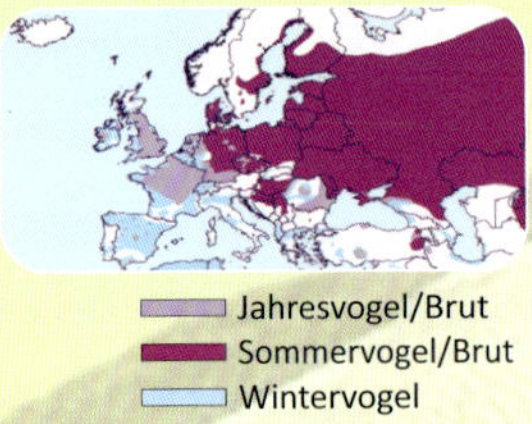

LÄNGE: 42–58 cm

SPANNWEITE: 74–89 cm

GEWICHT: 800 g

ALTER: 8–10 Jahre;
Rekord in der Natur: 23 Jahre

STIMME: Bei der Balz äußert das Männchen ein leises, nasales Pfeifen, *aaooohaao*, und lautere, ein-, zwei- oder dreisilbige Pfiffe, *ki-ki-ki*.

LEBENSRAUM: Brütet an Seen und Teichen mit Schilfbestand und sonstiger dichter Ufervegetation; ansonsten auf offenen Seen und Stauseen, langsam fließenden Flüssen, in geschützten Buchten und an Flussmündungen zu beobachten

VERBREITUNG: Gemäßigtes und nördliches Europa ostwärts durch die Paläarktis, Nordafrika; überwintert im Süden und Westen Europas, in Afrika sowie in Südasien

Verwandte Art

Die eindrucksvolle **Kolbenente** (*Netta rufina*)) ist eine große Tauchente, die sich von Wasserpflanzen ernährt. Ihr wissenschaftlicher Name stammt von griechisch *netta* für »Ente« und lateinisch *rufina* für »goldrot«. Die Art brütet in Osteuropa und kommt an verstreuten Stellen in fast ganz Europa und Teilen Südasiens vor. Der Erpel ist mit seinem großen, leuchtend orangen Kopf, dem knallroten Schnabel und der schwarzen Brust unverkennbar. Das Gefieder des Weibchens ist eintöniger braun, seitlich an Hals und Kopf heller.

◄ **Maßstab 1:1 Lebensgröße**

▲ **Männchen**

Etymologie

Der Gattungsname leitet sich ab von griechisch *aithuia* für einen nicht näher bestimmten Seevogel, den frühe Gelehrte wie Hesychios und Aristoteles erwähnten, der Artname *ferus* ist lateinisch für »wild«.

Küken

Eier: tatsächliche Größe

Löffelente *(Spatula clypeata)*

In der Alten Welt brütet diese attraktive, mittelgroße Ente in ganz Eurasien einschließlich Südskandinavien und überwintert in Südeuropa, Indien und Südostasien. Die Erpel haben im Brutkleid eine leuchtend weiße Brust, rostbraune Flanken und einen grün glänzenden Kopf. Im Flug sind an den Deckfedern graublaue Partien und an den Armschwingen ein grüner Flügelspiegel sichtbar. Weibchen und juvenile Vögel sind unscheinbarer braun gemustert. Eindeutig von anderen Gründelenten zu unterscheiden sind beide Geschlechter der Löffelente an ihrem übergroßen, mehr als 6 cm langen, löffelförmigen Schnabel. Der Schnabelrand ist mit rund 100 kammartigen Lamellen besetzt, die Nahrungspartikel wie ein Sieb aus dem Wasser filtern. Zur Nahrungsaufnahme tauchen die Enten den Schnabel ins Flachwasser, schwenken ihn hin und her und seihen so kleine Krebstierchen, Samen und aquatische Wirbellose heraus. Ihre Nahrung finden Löffelenten in Feuchtgebieten, Küstenmarschen, auf Reisfeldern, überfluteten Feldern, Seen und Abwasserlagunen. Sie brüten am Rand von Feuchtgebieten oder auf angrenzenden Grasflächen. Löffelenten sind relativ ruhige Vögel. Die Erpel äußern ein unauffälliges, klopfendes *tok-tok*, die Weibchen quaken stockentenähnlich.

STECKBRIEF

LÄNGE: 48 cm

SPANNWEITE: 76 cm

GEWICHT: 600 g

ALTER: 8 Jahre im Schnitt; Rekord (beringter Vogel): 16 Jahre

STIMME: Balzruf des Männchens ist ein keuchendes *tok-tok*; Weibchen äußern zur Brutzeit ein nasales Quaken.

LEBENSRAUM: Feuchtgebiete mit Flachwasser, Küstensümpfe, überflutete Felder, Seen

VERBREITUNG: Von Nordeuropa durch die Paläarktis; ebenso in weiten Teilen Nordamerikas

ETYMOLOGIE

Der lateinische Gattungsname *Spatula* bedeutet »Löffel« oder »Spatel«, der Artname *clypeata* heißt »schildtragend« und leitet sich von lateinisch *clypeus* (»Schild«) ab.

Wenn ein Löffelenten-Weibchen vom Nest aufgescheucht wird, kotet es auf die Eier – vermutlich soll das Feinde ablenken.

FOSSILE ÜBERRESTE

In Ablagerungen aus dem frühen Pleistozän in Dursuntu, Türkei, wurden versteinerte Entenknochen gefunden, die denen der Löffelente ähneln. Es ist noch unklar, ob die fossile Art auf irgendeine Weise mit der heutigen verwandt war, von der zurzeit keine Unterarten anerkannt sind.

Eier: tatsächliche Größe

► Maßstab 1:1
Lebensgröße

Löffelenten sind etwas kleiner als Stockenten, haben aber ein sehr prägnantes Erscheinungsbild. Beim Schwimmen recken sie häufig ihr Hinterteil in die Höhe.

Küken

Spießente *(Anas acuta)*

Die große, im Flug wie schwimmend gleichermaßen elegante Spießente ist häufig auf Gewässern zu beobachten, den schlanken Hals und spitz zulaufenden Schwanz in die Höhe gereckt. Sie gehört zu den individuenreichsten Entenarten – nur übertroffen von der allgegenwärtigen Stockente. Das Balzgefieder des Erpels ist ausgesprochen hübsch: Vom Hinterkopf des schokoladenbraunen Kopfes verläuft ein schmaler weißer Streifen über den Hals bis zur hellen Unterseite. Rücken und Flanken sind attraktiv grau, braun und schwarz gemustert. Das weniger auffällige Weibchen hat einen rostbraunen Kopf und ein mattbraun gesprenkeltes Gefieder. Spießenten ernähren sich im Herbst und Winter vor allem von pflanzlichem Material wie Samen von Süß- und Sauergräsern, Wasserpflanzen und in Feldern verstreuten Getreidekörnern. Im Frühling und Sommer verzehren sie vermehrt Wurzeln und Keimlinge. Über Sommer erbeuten sie hauptsächlich Insekten, Weich- und Krebstiere, aber auch Kaulquappen und kleine Fische. Die Jungvögel werden großteils mit Insekten gefüttert. Im Flachwasser durchwühlen Spießenten den Schlamm am Gewässergrund mit hochgerecktem Schwanz gründelnd nach Nahrung oder tauchen dazu schwimmend nur Kopf und Hals unter Wasser.

STECKBRIEF

LÄNGE: Weibchen 51–64 cm; Männchen 59–76 cm

SPANNWEITE: 80–95 cm

GEWICHT: Weibchen 454–1135 g; Männchen 450–1360 g

ALTER: Bis zu 22 Jahre

STIMME: Erpel rufen ein kurzes *krüh*, das an das Pfeifen eines Zugs erinnert; Weibchen quaken stockentenähnlich *kroak*.

LEBENSRAUM: Sümpfe, Grasland, Süßwasserseen und -teiche, Meeresbuchten; im Sommer offene Lebensräume wie Grasland, Ackerland, Tundra und Küsten; beim Zug und im Winter häufig flache Gewässer mit exponierten Schlickflächen, wie Süß- und Brackwassersümpfe, Seen und überflutete Felder

VERBREITUNG: Weit verbreitet in Europa, Asien und Nordamerika

Männchen ▶

◀ Weibchen

Ei im Nest

Ei: tatsächliche Größe

Küken

▶ **Maßstab 1:1 Lebensgröße**

▲ **Männchen**

Beim Zug nach Norden im Frühjahr und nach Süden im Herbst bildet die Spießente Schwärme. In Sibirien brütende Vögel überqueren häufig die Beringstraße und überwintern in Nordamerika. Meist ziehen Spießenten bei Nacht und erreichen dabei Geschwindigkeiten bis zu 77 km/h. Der Rekord für die längste nachgewiesene Flugstrecke ohne Zwischenstopp liegt bei unglaublichen 2896 km.

Galerie der Nester

Vögel scheinen sich recht wohlzufühlen, wenn sie sich in ihr Nest schmiegen, aber sie nutzen es ausschließlich zur Brutzeit zum Ausbrüten der Eier oder Wärmen der Küken. Für den Rest des Jahres suchen sie sich einen geschützten, trockenen Ort als Schlafplatz. Oft nutzen sie mehrere Nächte denselben.

Bei der Auswahl des Nistplatzes geht es vorrangig darum, dass er möglichst sicher vor den Angriffen von Räubern ist. Daher suchen sich viele Arten Plätze in großer Höhe: in Baumwipfeln, Astgabeln, unterm Dach von Häusern oder Scheunen, am Sims hoher Gebäude oder an Brückenpfeilern, in Gebirgshöhlen oder Felsspalten. Manche Arten verlassen sich auf ihre hervorragende Tarnung und errichten ihre Nester weit unten: in Sträuchern, Dickichten, Grasbülten, am Ufer von Fließgewässern, am Boden oder in Erdhöhlen. Einige Arten sind wahre Baukünstler und flechten robuste Hängenester außer Reichweite von Feinden an Äste. Andere tragen recht willkürlich Zweige zusammen und schichten diese eher zufällig zu einem Nest übereinander.

NAPFNEST Der wohl häufigste Nesttyp ist das napfförmige Nest mit seitlicher Begrenzung und einer Vertiefung für die Eier und Küken. Gewöhnlich werden diese Nester aus Gräsern und Zweigen errichtet; Speichel, Lehm oder Spinnfäden sorgen für Zusammenhalt. Das Größenspektrum reicht von den winzigen Nestern der Kolibris aus Flechten und Spinnweben bis zu stattlichen Nestern großer Sperlingsvögel aus Gras und Lehm. Als Standort dienen oft Astgabeln von Bäumen bzw. Sträuchern oder Traufen von Häusern und Scheunen. Solche Nester bauen viele Singvögel wie Fliegenschnäpper, einige Laubsänger und Drosseln.

NESTMULDE Hierfür wird eine flache Vertiefung in den Boden gescharrt und mit einigen Steinchen oder Laub ausgepolstert. Nestmulden sorgen zwar für eine Isolation der Eier und verhindern ein Wegrollen, aber sie sind leicht zugänglich für Nesträuber, sodass die Eltern Feinde häufig vom Nest ablenken müssen. Angelegt werden sie z. B. von Fasanen, Watvögeln, Möwen, Seeschwalben und Nachtschwalben.

LEHMNEST Diese Nester können völlig aus verhärteten Lehmkügelchen oder aus Lehm in Kombination mit Gräsern, Blättern und Federn errichtet sein. Meistens sind sie halbkreisförmig und werden an Wänden, unter Dachtraufen oder an Dachsparren von Schuppen und Scheunen, unter Brücken oder an Felsklippen gebaut. Europäische Arten mit Lehmnestern sind Rauch- und Mehlschwalben.

ERDHÖHLE Nester in Erdhöhlen bieten den Küken Sicherheit und Wärme. Artabhängig gibt es verschiedene Formen. Manche Arten nutzen Vertiefungen in senkrechten Klippen, einige graben Röhren in Steilufer, andere Bruthöhlen am Boden oder nutzen verlassene Kaninchenbaue. Brutröhren nutzen z. B. Eisvögel und Bienenfresser, Erdhöhlen u. a. Sturmtaucher, Papageitaucher und Brandgänse.

NISTKÄSTEN Diese einfachen Holzkästen können – gefüllt mit Stroh, Holzspänen, Fichtennadeln, trockenem Laub oder geschreddertem Papier und aufgehängt an einem sicheren Ort – Vögel dazu ermuntern, in Siedlungsgebieten und Hausgärten zu brüten. Möchte man gezielt Kästen für bestimmte gefährdete Vogelarten aufhängen, sollte die Öffnung in der Größe genau für die Zielart passend sein, damit keine größeren Vögel eindringen und die Eier oder Küken rauben oder selbst darin brüten können. Andere kleine Arten wie Haussperlinge können aber durchaus für Zaunkönige oder Meisen gedachte Kästen besetzen. In Nistkästen bleiben Vögel meist länger als in Vogelhäuschen, die mehr zur Zierde dienen, als praktisch zu sein.

HÄNGENEST Manche Vögel flechten sorgfältig Gräser und dünne Zweige zu einem kugel- oder beutelförmigen, an Zweigen hängenden Nest als sicheren Ort für ihre Küken. Bekanntestes europäisches Beispiel ist die Beutelmeise.

BAUMHÖHLE Es gibt zwei Typen von Höhlenbrütern. Primäre wie Spechte meißeln ihre Nisthöhlen selbst in die Stämme lebender oder toter Bäume, sekundäre nutzen bereits existierende natürliche oder verlassene Höhlen. Als Ort für eine solche Nisthöhle kommt auch ein Telefonmast infrage. Die Nisthöhle wird oft mit Laub, trockenem Gras, Federn, Moos oder Tierhaaren ausgepolstert. Europäische Höhlenbrüter sind z. B. Spechte, Käuze, Blaumeise, Star und Kleiber. Als Alternative nutzen diese Vögel mitunter auch Nistkästen.

PLATTFORMNEST Viele Spitzenräuber unter den Vögeln errichten Plattformnester. Von diesen aus haben sie einen 360-Grad-Rundumblick und können gut Beute und nahende Gefahren für ihre Küken erspähen. Meist bestehen die Nester aus aufeinandergeschichteten Zweigen, ausgepolstert mit Gras. Errichtet werden sie auf Bäumen oder anderer Vegetation, am Boden oder auch im Flachwasser auf Pflanzenmaterial; bisweilen auch auf Gebäuden oder speziellen Nisthilfen. Oft werden die ausladenden Nester über Jahre hinweg von denselben Vögeln genutzt und jährlich ausgebessert. Bekannte Beispiele für Plattformnister sind Reiher, Störche und viele Raubvögel wie Fischadler und Adler. Greifvogelnester nennt man Horste.

BODENNEST Manche Vögel machen es sich einfach und brüten direkt auf dem Boden. Vereinzelte errichten Seitenwände aus Gräsern (napfartig) oder sogar eine Art Dach. Viele Bodenbrüter brüten in Mooren. Beispiele sind Brachvögel und Regenpfeifer.

Stockente *(Anas platyrhynchos)*

Die Stockente kennt praktisch jeder. Beheimatet ist die große, massig wirkende Gründelente in gemäßigten und subtropischen Gebieten Europas und Asiens sowie weiten Teilen Nordamerikas. Zudem wurde sie in viele Länder eingeführt: nach Neuseeland, Australien, Peru, Brasilien, Uruguay, Argentinien, Chile, Kolumbien, auf die Falkland-Inseln und nach Südafrika. Anzutreffen ist sie im Umfeld von Feuchtgebieten, an Gewässern, in Stadtparks und im Winter auch in Buchten und Brackwasserbereichen an der Küste. Die äußerst geselligen Vögel bilden gerne große Schwärme. Infolgedessen gilt die Stockente mancherorts als invasive Art. Im Brutkleid haben Erpel einen glänzend flaschengrünen Kopf mit weißem Halsband, eine dunkelbraune Brust und graubraune Flügel. Der Bauch ist blassgrau, der Rücken schwarz, die dunklen Schwanzfedern sind weiß gerandet. Der Schnabel ist orangegelb mit schwarzer Spitze. Im Gegensatz dazu sind Weibchen braun gesprenkelt, mit dunklerem Schnabel, aber wie die Erpel mit auffallend blauem Flügelspiegel. Die beigebraunen Wangen, Überaugenstreifen und Kehle mit dunklerem Scheitel und Augenstreifen sind typisch für weibliche Gründelenten. Stockenten ernähren sich von Sämereien, Beeren, Wasserpflanzen, Insekten und anderen Wirbellosen.

◀ **Maßstab 1:1 Lebensgröße**

Weibchen ▶

Etymologie

Der wissenschaftliche Name besteht aus lateinisch *anas* für »Ente« und altgriechisch *platyrhynchos* (»breitschnäbelig«).

STECKBRIEF

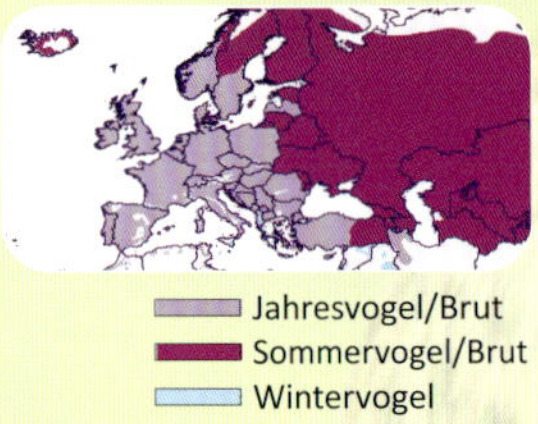

LÄNGE: 50–65 cm

SPANNWEITE: 81–98 cm

GEWICHT: 0,7–1,6 kg

ALTER: 5–10 Jahre; Rekord in der Natur: 30 Jahre

STIMME: Weibchen quaken klassisch *wak-wak-wak* in abfallender Lautstärke; Erpel quaken nicht, haben einen leiseren, ein- oder zweisilbigen rauen Ruf, *rääb-räb*.

LEBENSRAUM: Feuchtgebiete, Moore, stehende und Fließgewässer, Stadtparks, Küstenregionen

VERBREITUNG: Gemäßigte und subtropische Regionen Europas, Asiens und Nordamerikas

Die Stockente ist der Vorfahre der meisten domestizierten Entenrassen. Aber ihr natürlicher Genpool wurde durch Kreuzungen von Hausenten mit wilden Stockenten genetisch verändert.

Männchen ▼

Küken

Jungvogel

Verwandte Art

Die **Rouen-Ente** ist eine Rasse der **Hausente** (*Anas platyrhynchos domesticus*). Sie ähnelt in der Gefiederfärbung wilden Stockenten, ist aber kräftiger und leichter zu halten, denn sie ist zu schwer zum Fliegen, während Stockenten rasch wegfliegen. Da nicht als gute Eierleger bekannt, werden Rouen-Enten meist wegen ihres Fleisches oder als Ziergeflügel gehalten.

Eier: tatsächliche Größe

Brandgans *(Tadorna tadorna)*

Die zierlich wirkende, kurzhalsige Brandgans, früher auch Brandente genannt, zählt zu den Halbgänsen (Unterfamilie Tadorninae). Sie ist in der Paläarktis bis nach Sibirien verbreitet und kommt in Feuchtgebieten an der Küste, Wattflächen in der Gezeitenzone und auf Grasflächen vor. Markant ist ihre Färbung mit dem rötlich pinken Schnabel, rosa Beinen, dem weißen Körpergefieder mit breitem rotbraunen Band und schwarzem Bauch. Kopf und Hals sind tief dunkelgrün, die Flügeldecken weiß, die Handschwingen schwarz, die nur im Flug sichtbaren Armschwingen grün und rotbraun, die Flügelunterseiten fast gänzlich weiß. Bis auf ihre weißen Partien im Gesicht ähneln die kleineren Weibchen den Männchen. Zur Paarungszeit färbt sich der Schnabel des Erpels leuchtend rot und entwickelt an der Stirn einen roten Schnabelhöcker. Brandgänse ernähren sich von kleinen marinen Wirbellosen wie Schnecken und anderen Weichtieren, Krebstieren, Insekten und Würmern. Sie brüten bevorzugt in tiefen Erdbauen von Füchsen, Kaninchen oder Dachsen und verteidigen ihre Jungen vehement. Erstaunlicherweise teilen sie die Höhle oft mit Füchsen, die sie und ihren Nachwuchs in Ruhe lassen.

Eier: tatsächliche Größe

STECKBRIEF

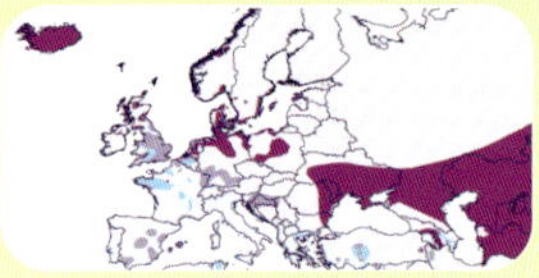

LÄNGE: 58–67 cm

SPANNWEITE: 110–133 cm

GEWICHT: 850–1450 g

ALTER: Bis zu 19 Jahre

STIMME: Weibchen äußern sonore, nasale Laute, Männchen ein sehr leises Pfeifen.

LEBENSRAUM: Seen und Flüsse in offenen Landschaften; brütet in Kaninchenbauen, Baumhöhlen und Heuhaufen; überwintert an Flussmündungen und auf Wattflächen

VERBREITUNG: Brütet im gemäßigten Eurasien; überwintert in subtropischen Regionen

Auf dem Wasser bilden die erwachsenen Vögel häufig große Schwärme und lassen ihre Küken in einer »Krippe« unter Aufsicht zweier Altvögel zurück. Im Wasser tauchen die Küken bei Gefahr blitzschnell ab, während die Altvögel auffliegen.

Als Irrgast aus Europa oder Westasien findet man die Brandgans gelegentlich auch an der Ostküste von Nordamerika.

Dass die Brandgans am liebsten in bereits gegrabenen Bauen brütet, schränkt ihre Brutgelegenheiten ein. In Norditalien werden deswegen für Brutpaare extra Höhlen ausgehoben. Manche haben sich auch angepasst und brüten auf Feldern.

◄ Maßstab 1:1
Lebensgröße

Jungvogel

Juvenile Brandgans

Verwandte Art

Ähnlich groß wie die Brandgans ist die **Rostgans** (*Tadorna ferruginea*), einer der prächtigsten Wasservögel Europas. Ihr Gefieder ist kräftig orangebraun, am Kopf heller. Schwanz und Flugfedern sind schwarz mit weißen Flügeldecken und grün schillerndem Flügelspiegel. Die Rostgans brütet in Südosteuropa und Zentralasien und überwintert in Indien. In den Stadtparks von Moskau lebt eine stabile Population von Rostgänsen und teilt sich die dortigen Gewässer mit den heimischen Stockenten. Die ersten Exemplare entkamen vermutlich nach 1948 aus dem Moskauer Zoo, nachdem die Tierpfleger ihre Flügel nicht mehr beschnitten.

Gänsesäger *(Mergus merganser)*

Dieser große, stromlinienförmige Vertreter der Gattungsgruppe Meerenten und Säger (Mergini) innerhalb der Familie Entenvögel (Anatidae) ist die größte der weltweit insgesamt sechs Sägerarten. Er lebt in drei Unterarten in Waldgebieten Europas (*M. m. merganser*), Asiens (*M. m. orientalis*) und Nordamerikas (*M. m. americanus*). Das markante Gefieder des Männchens ist am Rumpf strahlend weiß, am Rücken schwarz und am Kopf schillernd dunkelgrün mit anliegendem Schopf. Der Schnabel ist rot. Weibchen sind am Rumpf grau, mit weißer Brust und zimtbraunen Kopf mit abstehender Haube. Gänsesäger bevorzugen klares Wasser, in dem sie ihre Beute mit ihrem ausgezeichneten Sehvermögen auf dem Wasser schwimmend ausmachen können. Bei trübem Wasser stochern sie mit dem Schnabel in Ritzen unter Wasser. Die geschickten Jäger erbeuten überwiegend langsame kleine Fische und andere Wassertiere. Sind Fische knapp, stellen sie sich auf Insekten, Frösche und Schnecken um und verschmähen auch Wasserpflanzen nicht. Wenn ihre Seen zufrieren, weichen sie auf Bäche aus und jagen dort Forellen. Die Weibchen brüten in Baumhöhlen, nehmen aber auch problemlos Nistkästen an.

◀ **Weibchen**

STECKBRIEF

Jahresvogel/Brut
Sommervogel/Brut
Wintervogel

LÄNGE: 54–71 cm

SPANNWEITE: 86 cm

GEWICHT: 0,9–2,1 kg

ALTER: 12 Jahre im Schnitt

STIMME: Balzruf des Männchens ist ein wohlklingendes, tiefes *orr*; das Weibchen antwortet darauf mit *aik-aik*.

LEBENSRAUM: Flüsse und Seen in Waldgebieten

VERBREITUNG: Europa, Asien und Nordamerika; nördliche Populationen überwintern weiter südlich.

Der Gänsesäger gilt als Schlüsselräuber, weil er in Binnengewässern die Populationen vieler Fischarten kontrolliert, etwa von Barschen. Er dünnt deren Bestände aus und sorgt dafür, dass sie in Seen und Teichen nicht überhandnehmen und für alle ausreichend Platz vorhanden ist.

Spezialisierter Schnabel

Gänsesäger sind mit Schellenten verwandt. Da es sich aber um Fischfresser handelt, unterscheidet sich ihr Schnabel im Bau von denen ihrer Vettern, die sich von Wirbellosen ernähren. Während bei der Ente der Schnabel zwei- bis dreimal so lang wie breit ist, kann er beim Säger bis zu viermal so lang sein und endet in einer Hakenspitze. Die Lamellen, durch die beim Entenschnabel beim Einholen der Beute Wasser abfließen kann, sind bei Sägern sägeartig ausgebildet und fungieren praktisch wie Zähne zum sicheren Festhalten ihrer Beutefische.

Mutter mit Küken

Verwandte Art

Der **Mittelsäger** (*Mergus serrator*) ist einer der am weitesten verbreiteten Entenvögel der Nordhalbkugel mit einem ähnlichen Verbreitungsgebiet wie der Gänsesäger. Zudem ist er auch der schnellste bisher registrierte Vertreter der Entenverwandtschaft: Verfolgt von einem Flugzeug wurde eine Geschwindigkeit von 160 km/h gemessen.

Eier im Nest

◀ **Maßstab 1:1 Lebensgröße**

Eiderente *(Somateria mollissima)*

Diese Meerente ist die größte in Europa heimische Entenart, verbreitet an den nördlichen Küsten Europas, in Ostsibirien und Nordamerika. Als Bewohner arktischer Klimata ist die Art bekannt für die Isolationswirkung ihrer Daunen (der weichen Federn, die an der Brust gerupft werden). Gewöhnlich werden Eiderdaunen aus dem Nest entnommen, ohne den Vögeln Schaden zuzufügen, und dann als Füllmaterial für Daunendecken, Kissen und Outdoor-Bekleidung verwendet. Die Erpel zeigen im Brutkleid elegante Kontraste: Schwarz an Scheitel, Flügeln und Hinterteil, weiß an Wangen, Kehle und Körper. Die Nackenpartie ist pistaziengrün. Viel unauffälliger ist das Gefieder der Weibchen in einem warmen Braun mit schwarzer Bänderung. Den typischen keilförmigen Schnabel haben beide Geschlechter. Eiderenten ernähren sich von Weichtieren, vor allem Mies- und sonstigen Muscheln, von Krabben, Stachelhäutern, Wasserinsekten und kleinen Fischen. Zur Brutzeit fressen sie auch Insekten und etwas pflanzliche Kost. Die Brutkolonien auf Inseln vor der Küste können von weniger als 100 bis zu 15 000 Vögel umfassen. Da die Weibchen zum Brüten meist auf die Insel zurückkehren, auf der sie geschlüpft sind, herrscht unter den Koloniemitgliedern ein hoher Verwandtschaftsgrad. Manchmal teilen sie sich Nester und ziehen die Küken in »Krippen« gemeinsam auf.

STECKBRIEF

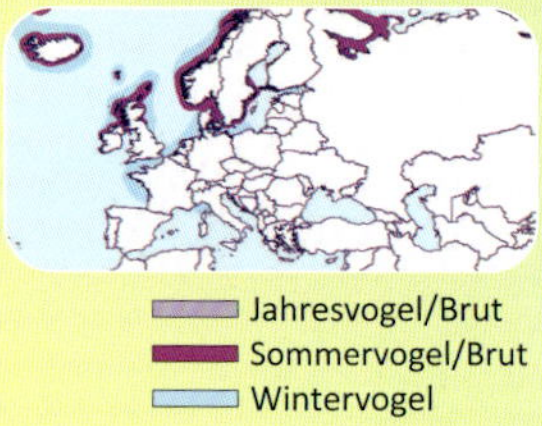

LÄNGE: 50–71 cm

SPANNWEITE: 95–98 cm

GEWICHT: 1,5–2,4 kg

ALTER: Bis zu 20 Jahre

STIMME: Balzruf des Erpels ist ein fast menschlich klingendes *a-uuuh-e*; das Weibchen antwortet tuckernd *gak-ak-ak-ak*.

LEBENSRAUM: Marine Gewässer im Bereich von Felsküsten

VERBREITUNG: Nördliche Küstenregionen Europas, Sibiriens und Nordamerikas

Eiderenten gehörten zu den ersten gesetzlich ge-schützten Vögeln. Eines der ersten Gesetze erließ 676 der Mönch Cuthbert von Lindisfarne in Northumberland, England, wo heute noch eine berühmte Kolonie auf den Farne-Inseln lebt.

Mütter leiten ihre Küken oft in Begleitung nicht brütender Weibchen, die als Wächterinnen dienen, zum Wasser. Solche »Krippen« umfassen mitunter mehr als 150 Entenküken, die beisammen bleiben, bis sie selbstständig sind.

Ei: tatsächliche Größe

▼ Männchen

◀ Maßstab 1:1 Lebensgröße

Kinderkrippe

Während des Frühlingszugs sammeln sich Eiderenten oft im Brack- oder Süßwasser, bis das Eis in ihren Brutgebieten weiter im Norden geschmolzen ist.

◀ Weibchen

23 24 25 26 27 28 29 30 31 32 33 34 35 36 37 38 39 40 41

Ringelgans *(Branta bernicla)*

Diese dunkle, gedrungene Gans mit kurzem Hals kommt in drei Unterarten vor: als dunkelbäuchige (*B. b. bernicla*), hellbäuchige (*B. b. hrota*) und schwarzbäuchige (*B. b. nigricans*) Form mit jeweils weiteren kleinen Abweichungen im Gefieder. Im Allgemeinen ist das Gefieder am Kopf schwarz mit weißem Halsring, das Tiefbraun des Körpers geht unter dem Schwanz in Weiß über. Der recht kurze Schnabel ist schwarz. Die europäischen Vögel brüten in Kolonien im arktischen Russland, bevorzugt in den kahlen Niederungen der Küstentundra, auf Inseln, an Flussdeltas, Seen, auf Sandbänken im Flachwasser und in höher gelegenen Bereichen mit Pflanzenwuchs. Zum Überwintern ziehen die Vögel an Meeresküsten der gemäßigten Zone. Ihre Hauptnahrung bildet Seegras, das sie überwiegend bei Ebbe und zurückgehender Flut aufnehmen, weil die Seegrasbestände dann am besten zugänglich sind. Daneben nehmen sie aber auch Tang und Meersalat sowie Gras und Wintergetreide zu sich.

STECKBRIEF

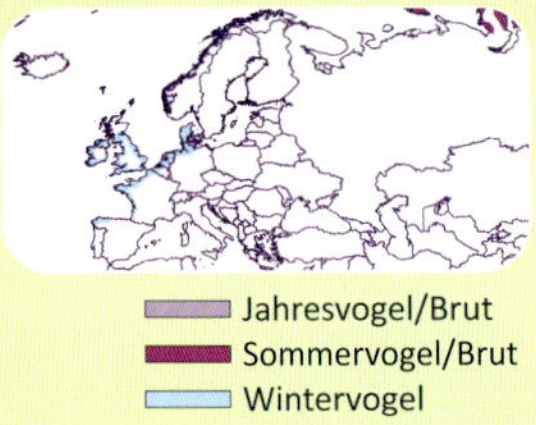

LÄNGE: 55–66 cm

SPANNWEITE: 106–121 cm

GEWICHT: 0,88–2,2 kg

ALTER: Rekord: 27 Jahre

STIMME: Die wohlklingenden Rufe der Schwärme sind weithin zu vernehmen und erinnern an die von Kranichen, *rott-rott* oder *rronk*.

LEBENSRAUM: Lagunen an Salzmarschen, Flussmündungen, Meeresbuchten, Meerengen, Küstentundra; bei Frost fallen Schwärme in Felder und Wiesen ein.

VERBREITUNG: Brütet im arktischen Russland; überwintert in gemäßigten Küstenregionen

Mancherorts tauchen Ringelgänse regelmäßig auf Golfplätzen und in Parks auf – offenbar haben sie gemerkt, dass sie hier sicher vor Jägern sind. Wegen dieses Sicherheitsgefühls haben sie eine geringere Fluchtdistanz als in der Natur.

Nest mit Eiern

Küken

▲ **Maßstab 1:1 Lebensgröße**

Enten oder Gänse?

Neben der Größe gibt es noch weitere auffällige Unterschiede zwischen diesen beiden Vertretern der Familie Entenvögel. Das Gefieder von Enten ist farbiger und die Geschlechter sehen unterschiedlich aus. Bei Gänsen gleichen sie sich meist und sind ähnlich »neutral« gefärbt, allerdings sind die Männchen gewöhnlich größer als die Weibchen. Viele Gänse gehen eine lebenslange Paarbindung ein, die meisten Enten sind nur für eine Brutsaison monogam. Gänse haben einen längeren Hals und ihre Beine sitzen weiter vorne am Körper. Dadurch sind sie besser ausbalanciert und können an Land zu Fuß auf Nahrungssuche gehen. Gänse werden nahezu doppelt so alt wie Enten und sind Pflanzenfresser, Enten hingegen Allesfresser. Die bevorzugte Nahrung spiegelt sich auch in der Form und Größe des Schnabels wider.

Graugans *(Anser anser)*

Diese stämmigen Wasservögel mit kräftigem Hals gehören zu den häufigsten, am leichtesten beobachtbaren Brutvogelarten der Paläarktis. Ihr Gefieder ist grau-braun-weiß gesprenkelt und gebändert, mit dunklem Kopf und variabler Fleckung am blassen Bauch. Der Schnabel ist orange, die Beine sind rosa. Graugänse brüten in Feuchtgebieten und an Seen. Außerhalb der Brutzeit bilden sie große Schwärme, die auf Wiesen und Kulturland zum Grasen einfallen und ihre Anwesenheit schon durch ihren Lärmpegel kundtun. Im Winter finden sich die meisten Vögel nördlicher Populationen entlang der Zugstrecke zwischen Dänemark und Spanien. Zusammen mit der Schwanengans ist die Graugans Vorfahre sämtlicher domestizierter Gänse, die seit Jahrtausenden wegen ihrer Eier, des Fleisches, der Daunen und als Ziergeflügel gehalten werden.

Die geselligen Graugänse bilden große Schwärme. Das hat den Vorteil, dass nur einige Individuen der Gruppe wachsam sein müssen und die anderen sich ausruhen oder Nahrung aufnehmen können, ohne ständig auf der Hut vor nahenden Feinden sein zu müssen. Nach dem Schlüpfen der Küken tun sich mehrere Familien zusammen und verteidigen ihre Jungen gemeinsam.

Die Graugans ist eine von sechs »grauen« Gänse-Arten Europas. Die anderen sind die Blässgans, die Zwerggans, die Tundra- und die Waldsaatgans sowie die Kurzschnabelgans. Als einzige Art dieser Gruppe kommt die Graugans in den Sommermonaten in größerer Zahl in Europa vor.

Graugänse gehen eine lebenslange Paarbindung ein und brüten zwischen Schwimmpflanzen oder verborgen im Röhricht. Bisweilen nutzen sie auch verlassene Fischadler-Nester.

STECKBRIEF

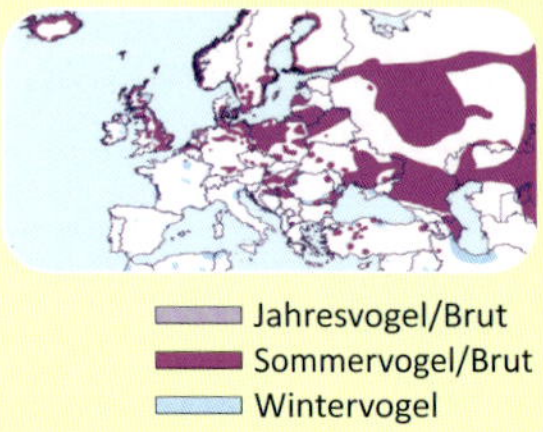

LÄNGE: 74–91 cm

SPANNWEITE: 147–180 cm

GEWICHT: 2,2–4,5 kg

ALTER: 20 Jahre im Schnitt

STIMME: Ein lautes Schnattern, ähnlich dem von Hausgänsen, *kijaaa-ga-ga*

LEBENSRAUM: Brütet in Feuchtgebieten – Sümpfen, Mooren, an Seen; überwintert in Salzmarschen, Mündungsgebieten, Feuchtwiesen, Steppen, auf Weiden in der Nähe von Seen und Fließgewässern, in Agrarland

VERBREITUNG: Brütet in der gesamten Paläarktis; überwintert entlang der europäischen Hauptzugroute

Junge Graugänse bleiben mit ihren Eltern als Familiengruppe zusammen, die sich zum Zug einem Schwarm anschließt. Erst im folgenden Jahr werden die Jungvögel von den Eltern aus deren neu etabliertem Brutrevier vertrieben.

◀ Maßstab 1:1
Lebensgröße

Kulturgeschichte

Die Graugans wurde einst mit der sumerischen Heilsgöttin Gula in Verbindung gebracht, im alten Ägypten symbolisierten Gänse den Sonnengott Ra. Die alten Griechen assoziierten Gänse mit der Liebesgöttin Aphrodite – Gänsefett galt als Aphrodisiakum! Die im alten Rom am Kapitol gehaltenen heiligen Gänse schlugen beim Angriff der Gallier im Jahr 390 v. Chr. den rettenden Alarm.

Sandstein-Stele (um 700 v. Chr.) mit Amun-Ra in verschiedener Gestalt – Mensch, Gans, Widder

Eier: tatsächliche Größe

23 24 25 26 27 28 29 30 31 32 33 34 35 36 37 38 39 40 41

Singschwan *(Cygnus cygnus)*

Schwäne sind die größten Vertreter der Familie Entenvögel (Anatidae) und bilden zusammen mit den Gänsen die Unterfamilie Anserinae. Die intelligenten Vögel sind schnelle und wendige Schwimmer und Flieger, halten ihrem Partner die Treue und verteidigen furchtlos ihre Jungen. In Kunst und Literatur symbolisieren Schwäne Schönheit, Anmut, Eleganz, Treue und romantische Liebe. Der Singschwan ist ein großer Zugvogel der Nordhalbkugel, in den borealen Regionen Eurasiens weit verbreitet und das altweltliche Gegenstück des nordamerikanischen Trompeterschwans (*C. buccinator*). Er brütet an Seen und Teichen in der Strauchtundra und Taiga. Der gänzlich weiße Vogel hat einen langen, schlanken Hals, den er meist gestreckt hält, schwarze Beine und einen schwarzen Schnabel mit großer, dreieckiger gelber Basis und Wachshaut. Da ihre Beine das Körpergewicht nicht längere Zeit tragen können, suchen sich die Vögel mit zunehmender Größe große Gewässer. Hier stöbern sie die meiste Zeit schwimmend nach Nahrung und gründeln nach Wasserpflanzen.

STECKBRIEF

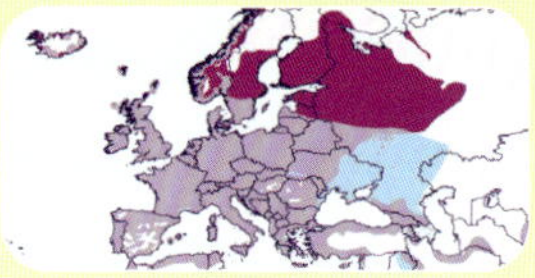

Jahresvogel/Brut
Sommervogel/Brut
Wintervogel

LÄNGE: 140–165 cm

SPANNWEITE: 205–275 cm

GEWICHT: 7,4–14,0 kg

ALTER: 20 Jahre

STIMME: Sehr ruffreudig; tiefer, klangvoller, laut trompetender Ruf im Flug, *huuk-huuk*

LEBENSRAUM: Brütet am Ufer von Süßwasserseen, Teichen, flachen Flüssen, in Sumpf- und Moorgebieten, insbesondere in Lebensräumen mit emergenter Vegetation

VERBREITUNG: Nordeuropa, Nord- und Zentralasien; überwintert weiter südlich, auch in Norddeutschland

Verwandte Art

Ein ausgefärbter **Zwergschwan** (*Cygnus columbianus*) ist vollkommen weiß und hat einen großteils schwarzen Schnabel – mit viel weniger Gelb als beim Singschwan.

Altvogel mit Küken im Nest

Jungschwäne

◀ Maßstab 1:1
Lebensgröße

Der Singschwan zählt zu den schwersten flugfähigen Vögeln überhaupt. Derzeitiger Rekordhalter ist ein in Dänemark überwinterndes Männchen, das mehr als 15,5 kg wog.

Eier im Nest

Höckerschwan *(Cygnus olor)*

Die gebogenen Hälse dieser eleganten weißen Schwäne formen ein Herz, wenn zwei Vögel sich mit den Schnäbeln berühren. Beide Geschlechter haben ein schwarzes Gesicht und einen orangen Schnabel mit fleischigem schwarzem Höcker. Ihre Beine sind schwarz bis gräulich rosa. Mit 160 cm Länge ist der Höckerschwan der größte und zugleich schwerste Schwan Europas und gehört zu den aggressivsten Wasservögeln – besonders, wenn er ein Nest bewacht. Im Wasser findet er seine Nahrung gründelnd: Mit hochgerecktem Schwanz taucht er mit ausgestrecktem Hals den Kopf ein und sucht den Grund ab. Er grast aber auch an Land. Seine pflanzliche Nahrung bilden Samen, Stängel, Blätter und Wurzeln von Wasserpflanzen wie Laichkraut und Seegras, dazu Algen und Getreidekörner. Als tierische Kost kommen bisweilen Insekten, Schnecken, Würmer, Kaulquappen und kleine Fische hinzu. Höckerschwäne gewöhnen sich rasch daran, von Menschen gefüttert zu werden.

STECKBRIEF

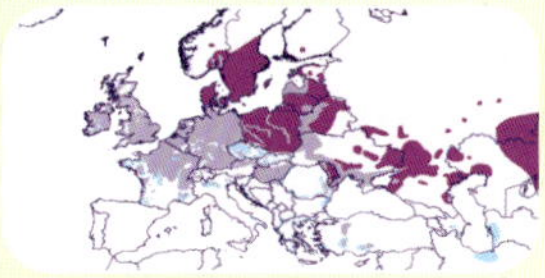

LÄNGE: 140–160 cm

SPANNWEITE: 200–240 cm

GEWICHT: Männchen 9,2–14,3 kg; Weibchen 8,5–9,7 kg

ALTER: 20–30 Jahre

STIMME: Zischende, pfeifende und schnaubende Laute mit geringer Lautstärke, ein schnarchendes *hiorr*, ein drohendes Fauchen; die surrenden Flügelschläge sind kilometerweit zu hören.

LEBENSRAUM: Aquatische Lebensräume wie Buchten, Flüsse, Feuchtgebiete, Seen und Teiche mit reichlich Vegetation unter und über Wasser; brütet in Rohrkolben-Röhricht

VERBREITUNG: Europa bis Nordchina; selten in Nordafrika

Ei: tatsächliche Größe

► Maßstab 1:1 Lebensgröße

Beide Eltern kümmern sich um ihren Nachwuchs. Kleinere Küken tragen sie im Wasser oft zwischen den Flügeln auf dem Rücken.

Seit 1984 ist der Höckerschwan der Nationalvogel von Dänemark.

Küken im Rückengefieder der Mutter

Blesshuhn *(Fulica atra)*

Der untersetzte, mittelgroße Wasservogel gehört zur Familie der Rallen (Rallidae) und ist daher auch als Blässralle bekannt. Die widerstands- und anpassungsfähige Art kommt in Europa, Asien, Australien und Teilen Nordafrikas vor und hat sich vor einiger Zeit auch nach Neuseeland ausgebreitet. Verwandtschaftlich zählen Rallen zur Ordnung der Kranichvögel (Gruiformes). Beide Geschlechter sehen ähnlich elegant aus – mit Ausnahme des weißen Schnabels und Stirnschilds überwiegend schiefergrau bis schwarz. Die langen, kräftigen Zehen sind mit Schwimmlappen versehen. Blesshühner brüten an Seen und Teichen und sind häufig zusammen mit Entenschwärmen auf offenen Wasserflächen zu beobachten. In Gebieten mit milderem Klima bleiben sie ganzjährig in ihren Revieren. Die asiatischen Populationen ziehen gewöhnlich nach Süden oder Westen, sobald ihre Gewässer zufrieren. Als Allesfresser ernähren sich diese Vögel von Pflanzenmaterial wie Stängeln, Blättern und Samen von Wasserpflanzen, Sauer- und Süßgräsern, Früchten und Algen wie auch von Insekten, Kaulquappen, Fischen, Würmern, Schnecken, Krebsen und den Eiern anderer Vögel.

STECKBRIEF

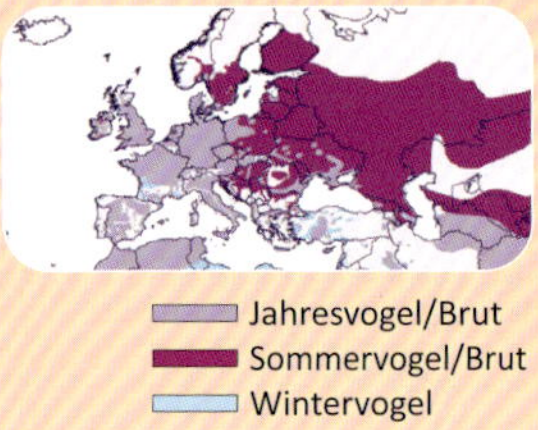

LÄNGE: 36–38 cm

SPANNWEITE: 70–80 cm

GEWICHT: Männchen 890 g; Weibchen 750 g

ALTER: 9–15 Jahre

STIMME: Sehr lautstark mit breitem Repertoire an krächzenden, explosiven und trompetenden Lauten, oft bei Nacht zu hören; typisch ist das krächzende *krök* der Weibchen.

LEBENSRAUM: Süßwasserseen und -teiche, Flüsse, Sümpfe, Salzlagunen

VERBREITUNG: Europa, Asien, Nordafrika, Australien, Neuseeland

ETYMOLOGIE

Der wissenschaftliche Name ist lateinisch: *Fulica* heißt »Wasserhuhn«, *atra* »schwarz«.

▲ Maßstab 1:1 Lebensgröße

Eier: tatsächliche Größe

Küken

Jungvogel

Verwandte Art

Das **Teichhuhn** (*Gallinula chloropus*), auch als Teichralle bekannt, ist in weiten Teilen der Alten Welt beheimatet und bewohnt dort Sümpfe, Teiche, Gräben und andere Feuchtgebiete mit dichtem Pflanzenbewuchs. Als kleinerer Verwandter des Blesshuhns gehört es ebenfalls zur Familie der Rallen und ähnelt ihm auch oberflächlich mit seinem dunklen, schwarzbraunen Gefieder. Sein Stirnschild ist aber rot, der Schnabel rot-gelb, die langen Beine und Zehen sind grünlich. Anders als beim Blesshuhn sind die Zehen aber nicht mit Schwimmlappen versehen.

Mit ihren langzehigen Füßen mit Schwimmlappen können Blesshühner sogar über Schwimmblätter in Teichen laufen.

Haubentaucher *(Podiceps cristatus)*

Der Haubentaucher gehört zur Familie Lappentaucher (Podicipedidae), die 22 Arten an Binnengewässern weit verbreiteter Tauchvögel in sechs Gattungen umfasst. Einige Arten sind zur Zugzeit und im Winter auch in marinen Lebensräumen anzutreffen. Sehr eindrucksvoll sind die Balztänze der monogamen Vögel. Alle Arten sind mit ihren gelappten Zehen ausgezeichnete Schwimmer und Taucher. Oft ragen beim Schwimmen nur Hals und Kopf aus dem Wasser. Der Haubentaucher ist der größte altweltliche Vertreter der Familie, in der Neuen Welt gibt es noch einige größere Arten. Sein Prachtgefieder ist sehr eindrucksvoll, mit weißem Gesicht, schwarzer, aufstellbarer Haube und rotbraunem, schwarz umrandetem Federkragen. Die Oberseite und der kurze Schwanz sind gräulich braun, die Flügeloberseiten schwarz-weiß gemustert. Das weite Verbreitungsgebiet der eleganten Vögel reicht von Westeuropa einschließlich Großbritannien und Irland durch die Paläarktis bis ins östliche und südliche Afrika, Australien und Neuseeland. Sie brüten am Rand stehender Gewässer mit Süß- oder Brackwasser und bewachsenem Uferbereich.

Lappentaucher ähneln Rallen und Seetauchern, ihre nächsten Verwandten sind allerdings Flamingos.

▶ **Maßstab 1:1 Lebensgröße**

STECKBRIEF

Jahresvogel/Brut
Sommervogel/Brut
Wintervogel

LÄNGE: 46–51 cm

SPANNWEITE: 59–73 cm

GEWICHT: 0,9–1,5 kg

ALTER: 10–15 Jahre; Rekord: 19 Jahre

STIMME: Ruf ist ein kräftiges *krra-ahrr*; zudem werden ein klackerndes *kröck-kröck* und nasale Töne erzeugt.

LEBENSRAUM: Große Süß- oder Brackwasserseen mit Schilfgürtel, Rohrkolben-Röhricht und anderer Ufervegetation, Kiesgruben, Stauseen und Flüsse

VERBREITUNG: Brütet in ganz Eurasien und zieht teilweise zum Überwintern in die Mittelmeerregion sowie in Küstenregionen im südlichen Afrika und in Australien

Im 19. Jh. wurde der Haubentaucher in Europa fast bis zur Ausrottung bejagt, weil seine Kopffedern u. a. als Zierde für Damenhüte begehrt waren. Um die Art zu retten, wurde Englands »Royal Society for the Protection of Birds« gegründet.

Das ausdrucksvolle Paarungsritual des Haubentauchers gehört zu den aufwendigsten und attraktivsten Formen der Balz in der Vogelwelt.

Der **Zwergtaucher** (*Tachybaptus ruficollis*) ist die kleinste europäische Art der Familie Lappentaucher. Mit seinen gelappten Zehen verschafft sich der ausgezeichnete Taucher unter Wasser Vortrieb bei der Jagd nach seinen Beutetieren – wasserlebenden Wirbellosen, kleinen Fischen und Kaulquappen. Er kommt in West-, Mittel- und Südeuropa, Südasien, im zentralen und südlichen Afrika vor. Im Prachtkleid ist sein Körpergefieder dunkel, Wangen und Halsseiten sind rotbraun abgesetzt.

Die eurasische Unterart des **Ohrentauchers** (*Podiceps auritus auritus*) brütet in der gesamten Paläarktis. Sein Prachtgefieder ist abwechselnd schwarz und rotbraun, bei den »Ohren« handelt es sich um goldgelbe Federbüschel hinter den Augen. Im schwarz-weißen Schlichtkleid fehlen die prägnanten Ohrenbüschel.

23 24 25 26 27 28 29 30 31 32 33 34 35 36 37 38 39 40 41

Sterntaucher *(Gavia stellata)*

Kennzeichnend für die Familie Seetaucher (Gaviidae) sind der lang gestreckte, schlanke Körper, ein nicht besonders langer Hals, der dolchförmige Schnabel und lange, schmale Flügel. Weil ihre Zehen durch Schwimmhäute verbunden sind und die kurzen Beine weit hinten am Körper sitzen, sind diese Vögel hervorragende Schwimmer und Taucher, bewegen sich an Land aber sehr unbeholfen fort. Alle Arten sind Zugvögel – sie brüten an Binnengewässern und ziehen zum Überwintern an Meeresküsten. Mit seinem geschmeidigen Profil und dem leuchtend rostroten Kehlfleck im Brutkleid ist der Sterntaucher auf seinen Heimatgewässern ein beeindruckender Anblick. Zwischen ihren Brutgebieten und Winterquartieren ziehen Sterntaucher oft erstaunlich weite Strecken und überfliegen mit Schlägen ihrer kräftigen Flügel große Binnengewässer und Meeresabschnitte. Die minimalen Unterschiede zwischen den Geschlechtern fallen kaum auf: Meist sind die Männchen etwas größer und weisen etwas markantere Zeichnungen auf.

STECKBRIEF

LÄNGE: 55–67 cm

SPANNWEITE: 95–115 cm

GEWICHT: 1,2–2,0 kg

ALTER: Bis zu 30 Jahre

STIMME: Mehrere Rufe sind bekannt: im Flug gänseähnlich, aber schriller *kah-kah-kah*; zur Brutzeit ertönt das *arro-arro* des Männchens, vom Weibchen beantwortet mit *o-rrrroo-uh, o-rrroo-uh*; hinzu kommt ein langer, klagender Ruf.

LEBENSRAUM: Süßwasserseen und -teiche in Tundra und Taiga; überwintert in Küstengewässern

VERBREITUNG: Zirkumpolar; im Winter Küstenregionen West- und Nordeuropas, Ostasiens und Nordamerikas

Der **Prachttaucher** (*Gavia arctica*) brütet an Binnenseen in Nordeuropa und Asien. Er ist in ganz Nordeuropa weit verbreitet und überwintert meist weiter südlich an eisfreien Bereichen an der Atlantik- und Pazifikküste.

Der **Eistaucher** (*Gavia immer*) ist ein großer Vertreter der Familie Seetaucher und in Küstengebieten Europas von Skandinavien bis nach Gibraltar anzutreffen. Zum Überwintern ziehen diese Vögel größtenteils über Land ans Schwarze Meer oder in die Mittelmeerregion. Ihr Brutgefieder ist gekennzeichnet durch einen schwarzen Kopf und Schnabel, rote Augen und einen grünlich, violett oder bläulich schillernden Hals.

Etymologie

Der Name Seetaucher nimmt Bezug darauf, dass diese Vögel mit dem stromlinienförmigen Körper ausgezeichnete Taucher sind und tauchend ihre Fischnahrung erbeuten. Bis zu 8 Minuten können sie unter Wasser bleiben und dabei bis 75 m tief tauchen.

Weibchen mit Jungvogel

◄ Maßstab 1:1
Lebensgröße

Ei im Nest

Alpenstrandläufer *(Calidris alpina)*

Watvögel wie Regenpfeifer und Wasserläufer gehören alle zur Ordnung Regenpfeiferartige (Charadriiformes). Man kann sie gewöhnlich entlang der Küstenlinie und auf Wattflächen bei der Suche nach Nahrung im Schlick beobachten. All diese bisweilen auch als Limikolen bezeichneten Vögel sind auf Wasser angewiesen – als Quelle für Nahrung, Rückzugsort und für Nistplätze. Einer der kleinsten Watvögel der Küste ist der Alpenstrandläufer aus der Familie Schnepfenvögel (Scolopacideae). Der Zugvogel brütet in der Arktis und Subarktis. Im Herbst ziehen die Brutpopulationen aus Nordeuropa und -asien weite Strecken zu ihren Winterquartieren in Afrika, Südostasien und im Nahen Osten. Im Brutgefieder sind Scheitel und Rücken leuchtend rostrot gefärbt. Unterseits ist es weiß mit kleinen dunklen Tupfen und – einzigartig unter Watvögeln – auffallend schwarzem Bauch. Die Beine und der leicht abwärts gekrümmte, bei Weibchen etwas längere Schnabel sind schwarz. Die weiche, gut durchblutete Schnabelspitze enthält Nervenendigungen und dient als Sonde zum Aufspüren von Beute: Damit stochern die Vögel mit nähmaschinenartiger Bewegung im Schlick nach kleinen Insekten, Würmern, Weich- und Krebstieren.

STECKBRIEF

LÄNGE: 16–22 cm

SPANNWEITE: 36–38 cm

GEWICHT: 48–77 g

ALTER: 5 Jahre im Schnitt

STIMME: Flugruf ist ein nasales, klagendes *trii* oder *trir*; trillernder Gesang

LEBENSRAUM: Nistet in feuchtem Gelände mit trockenen, bewachsenen Bereichen und Prielen; Nahrungssuche in sumpfigen Gebieten und Küstenlagunen

VERBREITUNG: Brütet in arktischen und subarktischen Gebieten der gesamten Nordhalbkugel; überwintert an gemäßigten oder subtropischen Küsten

▼ Maßstab 1:1 Lebensgröße

Weibchen ▶

Außerhalb der Brutzeit sind Alpenstrandläufer sehr gesellig und häufig in großen Schwärmen im Watt oder an Sandstränden anzutreffen. An ihren Zwischenstationen beim Zug sind die Schwärme oft beim synchronen Formationsflug zu beobachten.

Etymologie

Der Name Alpenstrandläufer bezieht sich auf das Brutgebiet im als »lappländische Alpen« bezeichneten skandinavischen Gebirge.

◀ **Männchen**

In Europa kommt es zu Kreuzungen des Alpenstrandläufers (oben Mitte) mit dem **Meerstrandläufer** (*Calidris maritima*, oben links und rechts), entlang der nordamerikanischen Atlantikküste mit dem **Weißbürzel-Strandläufer** (*Calidris fuscicollis*). Insgesamt umfasst die Gattung *Calidris* 24 Strandläufer-Arten, darunter Knutt und Sanderling.

Eier

Küken

Juveniler Vogel

Flussregenpfeifer *(Charadrius dubius)*

Dieser kleine, attraktive Watvogel aus der Familie Regenpfeifer (Charadriidae) ist in Europa, Asien und Teilen Nordafrikas verbreitet. Die nördlichen Populationen ziehen vor Einbruch des Winters nach Süden in wärmere Gefilde. Der Flussregenpfeifer sucht sich flache Süßwasserhabitate – Flussufer, Kiesgruben und Feuchtgebiete, insbesondere solche in der Nähe von sandigen oder Schlickflächen. Ausgewachsene Vögel erkennt man an ihrer charakteristischen schwarz-weißen Zeichnung. Das Gefieder ist oberseits gräulich braun, unterseits weiß. Artkennzeichen sind zudem das vollständige schwarze Halsband, die gelben Augenringe, der dunkle kurze Schnabel und die fleischfarbenen bis blass graugelblichen Beine. Die Vögel ernähren sich von kleinen Wirbellosen wie Insekten, Würmern und Krustentieren, die sie am Boden aufstöbern. Die territorialen Männchen vollführen aufwendige Balzrituale, um eine Partnerin anzulocken. In die Nestmulde im Sand oder Kies legt das Weibchen 3–4 Eier, die im Wechsel von beiden Eltern ausgebrütet werden.

STECKBRIEF

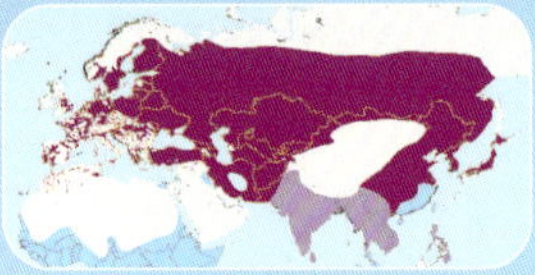

LÄNGE: 17–19 cm

SPANNWEITE: 40–45 cm

GEWICHT: 30–50 g

ALTER: 5–10 Jahre; Rekord: rund 13 Jahre

STIMME: Ruf ist ein scharfes, hohes, leicht abfallendes *tiu* oder *piu*; Balzruf im Flug ein langsames *griä-griä-griä*.

LEBENSRAUM: Süßwasserlebensräume mit flachem Uferbereich – Flussufer, Kiesgruben, Schlickflächen, Feuchtgebiete

VERBREITUNG: Brütet in Europa, Teilen Asiens und in Nordafrika; überwintert in Südeuropa, Afrika und Teilen Asiens

Juveniler Vogel

Verwandte Art

Der **Sandregenpfeifer** (*Charadrius hiaticula*) kann leicht mit dem Flussregenpfeifer verwechselt werden. Er ist in ganz Europa, Asien, Afrika und in Teilen Nordamerikas beheimatet. Wie sein Vetter ist er schwarz-weiß gezeichnet mit einem schwarzen, aber nicht immer vollständigen Halsband. Auffälligstes Unterscheidungsmerkmal vom Flussregenpfeifer ist das Fehlen des gelben Augenrings. Weitere sind die orangegelben Beine, außerdem ist sein Schnabel nicht ganz schwarz, sondern orange mit schwarzer Spitze. Sandregenpfeifer leben gewöhnlich in Küstenlebensräumen, z. B. an Sandstränden, auf Wattflächen und an Flussmündungen. Bemerkenswert ist das Zugverhalten: Nördliche Brutpopulationen legen zum Überwintern in milderen Regionen weite Strecken zurück.

▲ **Maßstab 1:1 Lebensgröße**

Männchen und Weibchen, Paarung

Eier: tatsächliche Größe

Küken in Nest

Trotz gravierender Bedrohungen ihrer Lebensräume durch Störungen, Erschließungen und Umweltverschmutzung wird die Art von der IUCN als »nicht gefährdet« eingestuft. Die Populationen im gesamten Verbreitungsgebiet sind stabil.

23 24 25 26 27 28 29 30 31 32 33 34 35 36 37 38 39 40 41

Goldregenpfeifer *(Pluvialis apricaria)*

Die Arten der Familie Regenpfeifer (Charadriidae) sind mittelgroße, weit verbreitete, rundliche Watvögel. Der eurasische Goldregenpfeifer ähnelt dem Prärie- oder Wanderregenpfeifer (*P. dominica*), der in Kanada und Alaska brütet und in Südamerika überwintert, sowie dem in Nordasien brütenden und in Südasien und Australien überwinternden Tundra-Goldregenpfeifer (*P. fulva*). Allerdings sind die beiden Arten kleiner, schlanker und haben längere Beine. Im Brutkleid sind Gesicht, Kehle, Brust und Bauch bei Goldregenpfeifer-Männchen tiefschwarz, umrandet von einem s-förmigen weißen Band als Abgrenzung zum golden gesprenkelten Gefieder von Scheitel, Nacken und Flügeloberseiten. Der Schwanz zeigt die gleichen goldbraunen bis gelblichen Sprenkel. Die Beine sind grünlich grau, die Augen dunkelbraun und der recht kurze, schlanke Schnabel ist schwarz. Die ähnlich aussehenden Weibchen haben meist weniger ausgeprägte schwarze Gefiederpartien – Gesicht und Unterseite sind eher bräunlich. Vögel im Schlichtkleid sind gelblich braun mit weniger Sprenkeln und an Brust und Bauch eher gräulich. Adultvögel fressen Insekten und Larven, Würmer, Spinnen sowie geringe Mengen Grassamen und Beeren. Die Küken werden vor allem mit Schnaken und Haarmücken gefüttert.

STECKBRIEF

LÄNGE: 26–29 cm

SPANNWEITE: 67–76 cm

GEWICHT: 140–300 g

ALTER: 10 Jahre

STIMME: Einsilbiger, leicht abfallender, melancholisch klingender Ruf, *düüh*

LEBENSRAUM: Im Sommer in Grasland, auf Schlickflächen, an Küsten, in der Tundra; während des Zugs auf Kurzgrasflächen, überfluteten Weiden, gepflügten Feldern, gelegentlich auch auf Schlickflächen und an Stränden

VERBREITUNG: Brütet in der arktischen Tundra von Island bis nach Zentralsibirien; überwintert in großen Schwärmen in offenen Lebensräumen Europas und Nordafrikas

◄ Maßstab 1:1 Lebensgröße

▲ Männchen

REKORDHALTER

Auf der Jagd in Irland geriet Sir Hugh Beaver, Geschäftsführer der Guinness-Brauerei, mit Jagdfreunden in Disput darüber, welches der schnellste jagdbare Vogel sei, der Goldregenpfeifer oder das Moorschneehuhn. Er fragte sich, warum es kein Buch gab, das darüber Auskunft geben konnte. Ein Brauereimitarbeiter erzählte ihm von den beiden Brüdern Norris und Ross McWhirter, die in London einen Sachbuchverlag betrieben. Beaver beauftragte sie, ein Buch der Weltrekorde zu schreiben. Der erste Band des *Guinness Book of Records* erschien 1955 und wurde rasch zum Bestseller – was es heute noch ist. (Übrigens stellte sich der Goldregenpfeifer als der schnellere Vogel heraus.)

Eier: tatsächliche Größe

Küken im Nest

Flügger Jungvogel

In manchen Ländern Europas, etwa in Frankreich, wird der Goldregenpfeifer nach wie vor bejagt. In anderen ist er streng geschützt, auch in Deutschland.

Weibchen ▶

Verwandte Art

Regenpfeifer und Kiebitze bilden eine Gruppe ähnlich gebauter Vögel mit mittellangen Beinen und relativ großem, rundlichem Kopf, kurzem Schnabel und großen Augen. Der **Kiebitz** (*Vanellus vanellus*) ist in der gesamten Paläarktis bis nach Ostsibirien verbreitet. Bei kühlem Wetter zieht er südwärts bis nach Nordafrika, Nordindien, Nepal, Bhutan und in Teile Chinas. Der 28–33 cm lange Vogel ist unterseits weiß, oberseits metallisch grün oder violett schillernd. Männchen haben eine lange Haube, Scheitel, Kehle und Brust sind schwarz, das Gesicht ist weiß. Bei Weibchen und Jungvögeln ist die Haube kürzer. Kiebitze ernähren sich von Wirbellosen und schließen sich zur Nahrungssuche häufig Schwärmen von Goldregenpfeifern und Lachmöwen an.

◀ Juveniler Vogel

23 24 25 26 27 28 29 30 31 32 33 34 35 36 37 38 39 40 41

Gefährdete Populationen

Dronte

RÜCKSICHTSLOSE AUSROTTUNG

Die bekannteste durch Menschen verursachte Ausrottung einer Vogelart war zweifellos die der Dronte (*Raphus cucullatus*). Dieser große, flugunfähige Vogel lebte nur auf Mauritius im Indischen Ozean. Seefahrer fingen die unbeholfenen Vögel und füllten die Vorräte an Bord mit deren Fleisch auf. Da Dronten keine natürlichen Feinde hatten, zeigten sie keinerlei Furcht vor Menschen – was ihnen zum Verhängnis wurde. Die übermäßige Bejagung führte zusammen mit eingeführten Nesträubern wie Schweinen und Ratten zum Ende der Art. Die letzte Dronte starb 1681.

Wandertaube

Neben der Ausrottung der Wandertaube (*Ectopistes migratorius*) in der Neuen Welt ist die des europäischen Riesenalks (*Pinguinus impennis*) eines der bemerkenswertesten Beispiele aus jüngerer Zeit. Dieser beeindruckende 75–85 cm hohe, flugunfähige Seevogel wurde wegen seiner Federn, seines Fleischs, Fettes und Öles zu Millionen gejagt und schließlich ausgerottet. Das letzte Paar wurde 1844 getötet. Angeblich soll der letzte Vogel von Seeleuten totgeschlagen worden sein, weil sie ihn für eine Hexe hielten, die ein großes Unwetter hereinbrechen ließ.

Riesenalk

Mit hoher Wahrscheinlichkeit hat *Homo sapiens* seit jeher Vögel gejagt – zunächst als Nahrung, später auch wegen ihrer Federn als Zierde und schließlich noch als potenzielle Ernteschädlinge und Fischräuber. Aber hat sich der Mensch im Lauf der Jahrmillionen wirklich auf ihre Bestände ausgewirkt? Das Aussterben mancher Arten war ein natürlicher Nebeneffekt der Evolution, aber menschliche Aktivitäten haben diesen Prozess zweifellos beschleunigt. Seit dem 16. Jh. sind 190 Vogelarten für immer verschwunden und trotz all der Warnungen von Artenschützern starben von 1975–2000 19 Arten aus. Bedingt durch die expandierende menschliche Bevölkerung und die zunehmende Umweltverschmutzung kamen im 20. Jh. noch der Verlust von Lebensräumen und schwindende Nahrungsressourcen als wesentliche Gefährdungsfaktoren für Vögel hinzu.

Das ist eine weltweite Problematik – bei der Hälfte aller Vogelarten der Erde ist derzeit ein Bestandsrückgang zu verzeichnen. In Europa verschwanden seit 1980 rund 600 Mio. Vögel (umgerechnet 19 Prozent). Selbst zuvor häufige Arten wie Mauersegler, Bekassine und Saatkrähe steuern lokal auf das Aussterben zu. Insgesamt sind 39 Prozent der Vogelarten Europas als mehr oder weniger stark gefährdet eingestuft.

ANREICHERUNG VON GIFTEN IN DER NAHRUNGSKETTE

Um Malaria auszumerzen, wurde in weiten Teilen Südeuropas in den 1940er- und 1950er-Jahren gegen Malariamücken, die Überträger, in großem Umfang das Pestizid DDT eingesetzt. Bedauerlicherweise gelangte das DDT in die Nahrungskette – vor allem durch die Insekten, die es eigentlich vernichten sollte. Bei Spitzenräubern wie Falken, die sich von Insektenfressern ernähren, konnte man große Mengen angereichertes DDT im Gewebe nachweisen. Weil durch das DDT die Eischalen dünner wurden, sank die Geburtenrate und viele Vogelarten gerieten in Gefahr. Letztlich wurden DDT und andere schädliche Pestizide verboten, sodass sich die Bestände gefährdeter Arten wieder erholten.

GEFAHREN FÜR DIE VOGELWELT

Aktivitäten des Menschen und ihre häufig schädlichen Folgeeffekte gelten als die größte Bedrohung für Vogelbestände. Hauptursachen des Rückgangs von Arten sind u. a.:

- Wachsende menschliche Bevölkerung
- Klimawandel und globale Erwärmung durch Industrie, Ackerbau und Viehzucht
- Lebensraumzerstörung, z. B. durch Flächenerschließung für Wohnungsbau und Industrie, Trockenlegung von Feuchtgebieten, Abholzung, Nutztierhaltung, Monokulturen sowie Einführung invasiver Pflanzen
- Eingeführte Räuber wie Katzen, Hunde, Schweine und Ratten sowie entkommene Heimtiere wie Pythons und Warane, die Nester ausrauben
- Illegaler Handel mit Vögeln
- Sammeln von Eiern
- Belastung durch Düngemittel, Pestizide und Herbizide, die sich auf Vögel, deren Eier und deren Nahrungsorganismen auswirken.

Auf dem Höhepunkt des Handels mit Federn zwischen 1870 und 1920 wurden viele Millionen Vögel mit Fallen gefangen. Die dramatischsten Verluste durch Bejagung der Mode wegen erlitten Silberreiher im Prachtgefieder.

ARTENSCHUTZMASSNAHMEN

Vogelschützer haben eine Reihe weltweit tätiger, mächtiger Organisationen gegründet, die sich für Gesetze zum Schutz von Wildtieren und Lebensräumen einsetzen – z. B. BirdLife International, Conservation International, WWF und The Nature Conservancy. Hinzu kommen noch Hunderte nationaler oder regionaler Naturschutzverbände, die alle einen verantwortungsvollen Umgang mit natürlichen Ressourcen propagieren.

In der EU haben die Gesetzgeber der jeweiligen Länder Maßnahmen zur Wiederherstellung und Erhaltung der biologischen Vielfalt ergriffen, darunter die Vogelschutzrichtlinie (Bird Directive) von 1979 – mit dem Ziel, alle in der EU natürlich vorkommenden Wildvogelarten und ihre wichtigen Lebensräume zu schützen. Diese ermöglicht es gefährdeten Arten, sich mit der Zeit wieder zu erholen. Die Länder müssen nun u. a. »Besondere Schutzgebiete« (BSG) zum Schutz von heimischen wie auch Zugvogelarten und Feuchtgebieten einrichten.

*Laut der Roten Liste gilt der Rotkopfwürger (*Lanius senator*), der seit mindestens 2014 nicht mehr in Deutschland gebrütet hat, als dort ausgestorbener Brutvogel.*

Rote Liste der IUCN

Im Jahr 1964 erstellte die Internationale Naturschutzunion IUCN ihre »Rote Liste gefährdeter Arten«. Diese stellt heute die umfassendste Quelle für den weltweiten Status von Tier-, Pilz- und Pflanzenarten dar und liefert Daten zu deren Verbreitungsgebiet, zu Populationsgröße, Lebensraum, Ökologie, Nutzung, Handel, Gefährdung und Schutzbemühungen. Die Liste ist ein wichtiger Indikator für den Zustand der Biodiversität auf der Erde und Anstoß für Erhaltungsmaßnahmen. Die neun Gefährdungskategorien lauten: »nicht beurteilt«, »ungenügende Datengrundlage«, »nicht gefährdet«, »potenziell gefährdet«, »gefährdet«, »stark gefährdet«, »vom Aussterben bedroht«, »in der Natur ausgestorben« und »ausgestorben«.

Flussuferläufer *(Actitis hypoleucos)*

Dieser kleine, kompakte Watvogel kommt an Süßgewässern vor und ist häufig in Gruppen bei der Nahrungssuche an Fluss- oder Seeufern zu beobachten. Nach derzeitigem Stand umfasst die Familie Schnepfenvögel (Scolopacidae) – zu der u. a. Wasserläufer und ihre Verwandten, Brachvögel, Wald- und Uferschnepfen sowie Bekassinen gehören – 98 Arten. Das Brutgebiet des Flussuferläufers erstreckt sich über die gemäßigten und subtropischen Regionen der Paläarktis. Bei kalter Witterung ziehen die Vögel nach Afrika, Südasien und Australien. Ihr Prachtkleid ist oberseits gräulich braun und unterseits weiß, Beine und Füße sind blassgelb. Der lange, schmale Schnabel ist an der Basis heller, an der Spitze dunkler. Das Schlichtkleid ist matter mit ausgeprägterer Bänderung der Flügel. Juvenile Vögel sind oberseits stärker gebändert und haben ocker gerandete Flügelfedern. Die gesellige Art bildet große Schwärme und ist gut an ihrem typischen Flug mit steifer Flügelhaltung knapp über der Wasseroberfläche zu erkennen. Ihre Beutetiere – Insekten, Würmer, Krebse und andere Wirbellose – suchen Flussuferläufer auf Sicht am Boden oder im Flachwasser. Zudem fangen sie auch Insekten im Flug. Als Nest dient eine flache, mit Blättern ausgepolsterte Mulde am Boden nahe einem Süßgewässer. Bei Bedrohung flüchten die Küken unter das Gefieder ihrer Eltern.

Bisweilen kommt es zu Kreuzungen zwischen dem Flussuferläufer und dem nahe verwandten, in Europa, Afrika und Asien beheimateten **Waldwasserläufer** (*Tringa ochropus*). Oberseits ist diese kräftige Art grünlich braun, Kopf und Brust sind gräulich, die Unterseite ist weiß. Vor allem im Brutgefieder sind auf dem Rücken feine weiße Tupfen erkennbar. Die Beine wie auch der kurze Schnabel sind dunkelgrün.

Verwandte Art

STECKBRIEF

LÄNGE: 18–20 cm

SPANNWEITE: 32–35 cm

GEWICHT: 40–60 g

ALTER: Bis zu 14 Jahre

STIMME: Dreiteiliger, pfeifender, leicht abfallender Ruf im Flug, der wie *hii-dii-dii* klingt.

LEBENSRAUM: Uferbereich von Flüssen, Teichen und Seen

VERBREITUNG: Brütet in weiten Teilen Europas und Asiens; überwintert in Afrika, Südasien und Australien

◀ **Maßstab 1:1 Lebensgröße**

Bei Bedrohung des Nestes läuft der Altvogel davon weg und tut, als sei er verletzt, um den Feind abzulenken.

Eier: tatsächliche Größe

Küken

Verwandte Art

Der 20–25 cm lange **Steinwälzer** (*Arenaria interpres*) ist ein kleiner, stämmiger Watvogel und weltweit häufig in Küstengebieten anzutreffen. Im Prachtgefieder ist er mit dem schwarz-weißen Kopf, rotbraunen Rücken, weißen Bauch und den roten Beinen sehr auffällig, im Winterkleid dagegen unscheinbarer – oberseits braun und unterseits weiß. Die wenig scheuen Küstenvögel suchen bevorzugt an Kiesstränden zwischen Tang nach Wirbellosen. Ihr Ruf ist ein stakkatoartiges *tük-e-tük*.

Rotschenkel *(Tringa totanus)*

Der Rotschenkel ist ein eurasischer Watvogel aus der großen Familie der Schnepfenvögel (Scolopacidae). Anzutreffen ist der weit verbreitete, wachsame und lautstarke Vogel zumeist in Küstenlebensräumen und Feuchtgebieten im gemäßigten Eurasien einschließlich ganz Skandinavien. Er überwintert an europäischen Atlantikküsten von Irland und Großbritannien südwärts sowie an Küsten Afrikas und Südasiens. In Küstengebieten Westeuropas, Spaniens, Italiens und Griechenlands kann er auch Standvogel sein. Das Prachtkleid ist braun marmoriert, unterseits etwas heller, das Schlichtkleid im Winter insgesamt blasser und weniger deutlich gemustert – oberseits einfarbig graubraun, unterseits weißlich. Arttypisch sind die rote Schnabelbasis und die leuchtend orangeroten Beine. Nur im Flug sind der weiße Bürzel und die weißen Hinterränder der Flügel erkennbar. Rotschenkel gehen an der Uferlinie von Küsten und im Flachwasser auf die Jagd nach kleinen Wirbellosen wie Regenwürmern, Kohlschnakenlarven, Weich- und Krebstieren sowie Meereswürmern.

STECKBRIEF

LÄNGE: 27–30 cm

SPANNWEITE: 59–66 cm

GEWICHT: 85–150 g

ALTER: 4 Jahre

STIMME: Tief flötender, dreiteiliger Ruf, wie *tjuu-luu-luu* oder *djü-dü-dü*; als Warnruf erklingt ein lautes Pfeifen.

LEBENSRAUM: Seen, sumpfiges Gelände, Schlickflächen und andere Feuchtgebiete an der Küste

VERBREITUNG: Gemäßigtes Eurasien; überwintert in Afrika und Südasien

Weibchen ▶

▲ Maßstab 1:1 Lebensgröße

Etymologie

Der Gattungsname *Tringa* geht auf den neulateinischen Namen zurück, mit dem Aldrovandi 1599 den Grünschenkel benannte. Er beruht auf dem altgriechischen *trungas*, das Aristoteles für einen drosselgroßen Vogel mit weißem Bürzel und wippendem Schwanz prägte.

Zum Schutz vor Fressfeinden bilden Rotschenkel häufig riesige Schwärme.

◀ Männchen

Eier: tatsächliche Größe

Mutter mit Küken

Küken auf Nahrungssuche

Verwandte Art

Im Spätsommer und Herbst sind Rotschenkel und der nahe verwandte **Grünschenkel** (*Tringa nebularia*) oft gemeinsam bei der Nahrungssuche in Lagunen und Salzwiesen anzutreffen.

23 24 25 26 27 28 29 30 31 32 33 34 35 36 37 38 39 40 41

Säbelschnäbler *(Recurvirostra avosetta)*

Dieser elegante Watvogel mit tropfenförmiger Gestalt ist in Feuchtgebieten an der Küste und Brackwasserlagunen anzutreffen. Leicht zu erkennen ist er an seinem langen, dünnen, aufwärts gebogenen Schnabel. Charakteristisch für Altvögel sind die plakative Schwarz-weiß-Färbung und die langen, blaugrauen Beine. Juvenile Vögel ähneln den Adulten, sind aber mehr in Grau- und Sepiatönen gefärbt. Das Brutgebiet der Art erstreckt sich vom gemäßigten Europa über Zentralasien bis in den Fernen Osten Russlands. Die meisten Populationen überwintern in Afrika oder Südasien. Manche in milderen Regionen wie Südspanien lebende ziehen nicht weg. Über das Jahr hinweg bilden Säbelschnäbler zu Hunderten Schwärme, zur Brutzeit meist kleinere, aber recht lautstarke Kolonien. Zum Nahrungserwerb schwenken die Vögel ihren Schnabel seitwärts durchs Flachwasser und nehmen Krebstiere, Insekten, Würmer und Weichtiere auf.

STECKBRIEF

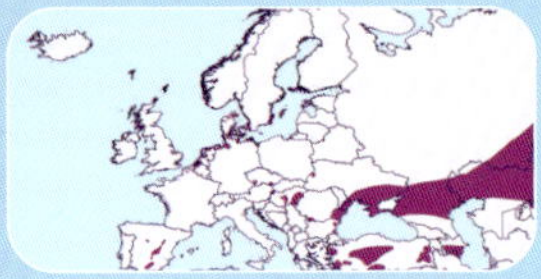

LÄNGE: 40–45 cm

SPANNWEITE: 76–80 cm

GEWICHT: 225–400 g

ALTER: 10 Jahre

STIMME: Ruft ein weit tragendes, melodisch fließendes *plütt-plütt-plütt*

LEBENSRAUM: Feuchtgebiete an der Küste, Brackwasserbereiche, Flussmündungen; im Binnenland an großen Seen

VERBREITUNG: Brütet von Europa bis nach Zentralasien und Ostrussland; überwintert in Afrika oder Südasien

Verwandte Art

Ein weiterer Vertreter der Familie Säbelschnäbler (Recurvirostridae) ist der **Stelzenläufer** (*Himantopus himantopus*) – ein schlanker, langbeiniger Watvogel mit schwarz-weißem Gefieder. Arttypisch sind die extrem langen, rosaroten Beine und der sehr dünne schwarze Schnabel. Stelzenläufer bewohnen Flachwassergebiete wie Sümpfe, Lagunen und überflutete Felder. Für die Suche nach aquatischen Wirbellosen bevorzugen sie sandigen oder schlammigen Untergrund. Sie brüten in Wassernähe oder auf kleinen Inseln in Nestmulden am Boden. Oft sieht man sie in Schwärmen anmutig durchs Flachwasser schreiten. Ihre elegante Erscheinung macht sie unverkennbar.

Etymologie

Der Säbelschnäbler ist eine von vier Arten der Gattung *Recurvirostra* in der Familie Säbelschnäbler (Recurvirostridae), welche auch die Stelzenläufer umfasst. Der Gattungsname leitet sich von lateinisch *recurvus* für »nach hinten gebogen« und *rostrum* für »Schnabel« ab.

Küken

Flügger Jungvogel

▶ **Maßstab 1:1 Lebensgröße**

23 24 25 26 27 28 29 30 31 32 33 34 35 36 37 38 39 40 41

Austernfischer *(Haematopus ostralegus)*

Dieser verbreitete Watvogel ist in verschiedensten Küstenlebensräumen wie Stränden und Wattflächen zu finden, häufig auch auf Feldern der Umgebung und im Binnenland. Sein großes, unzusammenhängendes Brutgebiet reicht von Westeuropa über Russland und Kleinasien bis an die Küsten Koreas und Kamtschatkas. Zum Überwintern ziehen nordeuropäische Populationen nach Südeuropa und Nordafrika. Das kontrastreiche Gefieder des Austernfischers ist oberseits schwarz und unterseits weiß, der eindrucksvolle lange Schnabel ist leuchtend orangerot, die kräftigen Beine sind rosarot gefärbt. Im Flug sind ein breites weißes Flügelband und der weiße Bürzel zu erkennen. Im Winter kommen Hunderte von Austernfischern zu Schwärmen zusammen und jagen im Watt Schalentiere wie Mies- und Herzmuscheln (Austern eher nicht). Diese öffnen sie mit ihrem kräftigen Schnabel. Die Weibchen brüten in einer gescharrten Mulde zwischen Kieseln am Strand oder auf Inseln von Seen. Eier und Küken weisen eine ausgezeichnete Tarnfärbung auf.

STECKBRIEF

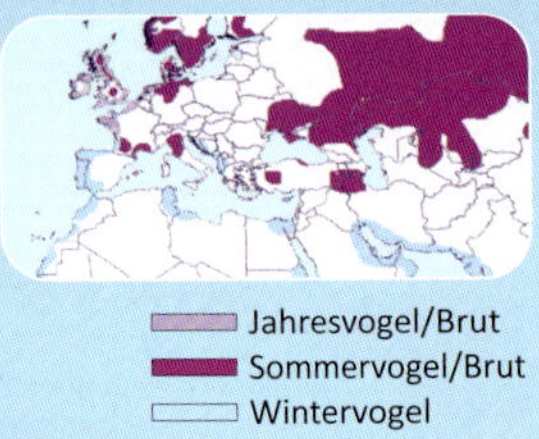

LÄNGE: 40–45 cm

SPANNWEITE: 80–85 cm

GEWICHT: 400–700 g

ALTER: Bis zu 40 Jahre

STIMME: Der Ruf ist ein durchdringendes, schrilles Pfeifen, *kiwiep.*

LEBENSRAUM: Schlickflächen, Küsten, Felder

VERBREITUNG: Brütet in Nordeuropa und Zentralasien; überwintert an Küsten in Südeuropa, Nordafrika oder Südasien

Etymologie

Den Namen »Austernfischer« (»*oystercatcher*«) prägte 1731 der Naturforscher Mark Catesby für den nordamerikanischen Braunmantel-Austernfischer (*H. palliatus*) – er berichtete, die Art ernähre sich von Austern. Der Gattungsname *Haematopus* setzt sich zusammen aus altgriechisch *haima* für »Blut« und *pous* für »Fuß«, der Artname *ostralegus* aus lateinisch *ostrea* für »Auster« und *legere*, was »sammeln« bedeutet.

Ei: tatsächliche Größe

Flügges Küken

Jungvogel

Wegen seiner großen Populationen und des arttypischen Verhaltens gilt der Austernfischer als Indikator-Art für die ökologische Intaktheit seiner Lebensräume. Eingehende Forschungen zu seinem Verhalten beim Nahrungserwerb in Deutschland, in den Niederlanden und in Südwestengland leisteten einen wichtigen Beitrag zu dem modernen Fachgebiet der Verhaltensökologie.

▲ Maßstab 1:1 Lebensgröße

Großer Brachvogel *(Numenius arquata)*

Dieser stattliche Watvogel aus der Familie Schnepfenvögel (Scolopacidae) ist im gemäßigten Europa und Asien weit verbreitet. Er bevorzugt offene Feuchtgebiete oder Moorflächen, im Winter ist er häufig an Flussmündungen, im Sommer in der Heide anzutreffen. Die meisten Populationen verbringen den Winter als Zugvögel in Südeuropa, Afrika oder Südasien. Gelegentlich taucht die Art als Irrgast in Neuschottland oder auf den Marianen im Westpazifik auf. Auffälligstes Merkmal des Großen Brachvogels ist sein langer, dünner, nach unten gebogener Schnabel. Dagegen sind sein braun gesprenkeltes Gefieder und die langen, dunklen Beine nicht besonders markant. Brachvögel stochern mit dem Schnabel im Schlamm nach Krebsen oder greifen kleine Krabben und Regenwürmer von der Oberfläche. Ihr Nest ist meist eine einfache Mulde. Oft suchen Brachvögel die Nähe der Brutplätze von Turmfalken – vermutlich zum Schutz gegen Nesträuber wie Rabenvögel, wenngleich auch die Turmfalken ihren Küken gefährlich werden können. Die Eier werden oft von Füchsen erbeutet.

STECKBRIEF

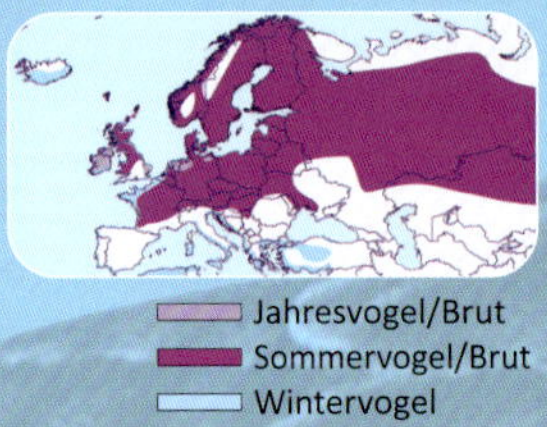

LÄNGE: 50–60 cm

SPANNWEITE: 89–106 cm

GEWICHT: 410–1360 g

ALTER: 5 Jahre

STIMME: Der Ruf ist ein klangvolles, leicht wehmütig klingendes *kuri-li*.

LEBENSRAUM: Offene, feuchte Lebensräume – Feuchtwiesen, Sumpf- und Moorgebiete, Moorflächen in Waldlichtungen, Agrarland, Heidegebiete, Salzwiesen an der Küste

VERBREITUNG: Gemäßigtes Europa und Asien; überwintert in Südeuropa, Afrika und Südasien

▲ Maßstab 1:1 Lebensgröße

Bestandsrückgang

Anfang der 2000er-Jahre erlebte der einst als »nicht gefährdet« geltende Große Brachvogel rapide Bestandseinbrüche – manche Populationen nahmen um über die Hälfte ab. Infolgedessen wurde die Art 2008 als »potenziell gefährdet« eingestuft.

Verwandte Art

Die **Pfuhlschnepfe** (*Limosa lapponica*) unternimmt eine der eindrucksvollsten Wanderungen der Vogelwelt. Zwischen ihren Brut- und Überwinterungsgebieten legt sie Tausende Kilometer zurück – eine unglaubliche Strecke! Beim Zug bilden die Vögel oft riesige Schwärme, die im Watt und an Flussmündungen Zwischenstopps einlegen, um zu rasten und ihre Energiereserven aufzufüllen.

Ei: tatsächliche Größe

Etymologie

Der Gattungsname geht auf das altgriechische Wort *noumēnios* für einen von dem griechischen Geschichtsschreiber Hesychius erwähnten Vogel zurück, abgeleitet von *neos* (»neu«) und *mene* (»Mond«) – wegen des halbmondförmigen Schnabels.

Rohrdommel *(Botaurus stellaris)*

Dommeln gehören zur Familie Reiher (Ardeidae) innerhalb der Ordnung Schreit- und Pelikanvögel (Pelecaniformes). Die Rohrdommel ist der größte Vertreter ihrer Gattung und daher auch als Große Rohrdommel bekannt. Man unterscheidet zwei Unterarten, die nördliche (*B. s. stellaris*) brütet von den britischen Inseln durch die Paläarktis bis nach Südostasien und ist auch in Küstenregionen Nordafrikas zu Hause, die südliche (*B. s. capensis*) kommt nur in Teilen des südlichen Afrikas vor. Die Rohrdommel ist ein untersetzter Vogel mit dickem Hals, schwarzem Scheitel und goldbraun gestricheltem Gefieder. Ihr kräftiger Schnabel ist grünlich gelb, das gelbe Auge ist von blauer oder grüner nackter Haut umgeben. Bei einer Störung verharrt die scheue Dommel reglos mit zum Himmel gerichtetem Schnabel – durch diese sogenannte Pfahlstellung verschmilzt sie perfekt mit dem umgebenden Röhricht. Zur Brutzeit verkünden die Männchen ihre Anwesenheit mit ihren weit tragenden, dumpfen Rufen. Bisweilen brüten Rohrdommelpaare bei geeignetem Lebensraum auch in landwirtschaftlichem Umfeld. Die Vögel ernähren sich von Fischen (darunter Aale), Krebs- und Weichtieren, aber auch von Kleinsäugern, Jungvögeln, Schlangen, Amphibien und Insekten. Sie jagen einzeln und schreiten dabei durch Schilfgürtel oder stehen reglos im Flachwasser und warten auf vorbeischwimmende Beutetiere.

STECKBRIEF

LÄNGE: 69–81 cm; Männchen sind viel größer als Weibchen.

SPANNWEITE: 100–130 cm

GEWICHT: 0,87–1,9 kg

ALTER: 8 Jahre im Schnitt

STIMME: Dumpfer, an ein Nebelhorn erinnernder Balzruf der Männchen, erzeugt durch Ausstoßen von Luft aus der Speiseröhre; Weibchen antworten mit einer leiseren Version.

LEBENSRAUM: Schilfgürtel, Sümpfe, Seen, Lagunen, sehr langsam fließende Flüsse

VERBREITUNG: Paläarktis, tropisches Afrika und indomalaiische Region

▼ Maßstab 1:1 Lebensgröße

Ei: tatsächliche Größe

Nest mit Küken und Ei

Wenn die Rohrdommel mit nach oben gerichtetem Schnabel im Röhricht verharrt, verdecken die verlängerten Kehlfedern den Hals völlig, wodurch der Umriss von Kopf und Körper aufgelöst wird.

23 24 25 26 27 28 29 30 31 32 33 34 35 36 37 38 39 40 41

Graureiher *(Ardea cinerea)*

▼ Maßstab 1:1 Lebensgröße

Dieser große, markant gefärbte Vertreter der Familie Reiher (Ardeidae) ist kaum zu übersehen, wenn er in einem See oder Teich steht. Erwachsene Vögel haben einen weißen Kopf, von den Augen zieht ein schwarzer Streifen bis zu den langen schwarzen Schopffedern. Der weiße Hals ist teils schwarz gestrichelt, Rücken und Flügel sind grau, die Unterseite ist gräulich weiß mit etwas Schwarz an den Flanken. Der spitze, rosagelbliche Schnabel ist eine tödliche Waffe, die langen kräftigen Beine sind braun. Man unterscheidet vier Unterarten: *A. c. cinerea*, die Nominatform, kommt in Europa, Afrika und Asien vor, *A. c. jouyi* in Ostasien, *A. c. firasa* auf Madagaskar und *A. c. monicae* in Mauretanien. Alle fangen Wassertiere, an die sie sich im Flachwasser anpirschen. Oft warten sie auch einfach geduldig, bis ein Beutetier in Reichweite vorbeischwimmt. Überwiegend sind die Vögel im Tiefland in Feuchtgebieten, an Teichen sowie in Lagunen und Flussmündungen an der Küste zu beobachten, gelegentlich auch an Bergseen. Auch auf Weiden suchen sie Nahrung und wurden selbst in Wüstengebieten auf der Jagd nach Käfern und Echsen beobachtet. Graureiher brüten in Kolonien und bauen ihre Zweignester in hohen Bäumen im Uferbereich.

Als Spitzenräuber jagen Graureiher unterschiedlichste Beutetiere – im Wasser spießen sie mit dem Schnabel Fische, Amphibien und Krebstiere auf, an Land erbeuten sie auch Entenküken, kleine Watvögel und Kleinsäuger wie Ratten, Schermäuse, Hermeline und sogar junge Kaninchen.

STECKBRIEF

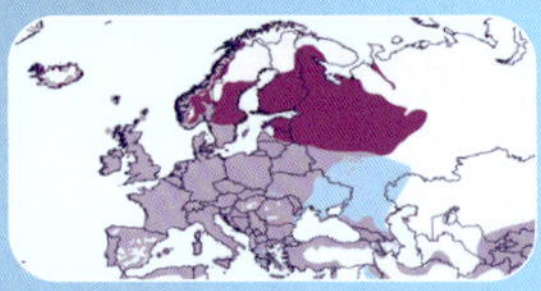

LÄNGE: 84–102 cm

SPANNWEITE: 155–195 cm

GEWICHT: 1,0–2,0 kg

ALTER: 5 Jahre

STIMME: Im Flug oder am Nest ein hartes, hohes, krächzendes *kräiik*; in der Kolonie auch kreischende Laute

LEBENSRAUM: Feuchtgebiete wie Seen, Flüsse, Sümpfe, Meeresküsten; auch Wiesen, Äcker, Siedlungsgebiete

VERBREITUNG: Im ganzen gemäßigten Europa, in Westasien und Teilen Afrikas

Reiher in der Geschichte

Der altägyptische Gott Bennu wurde in der Kunst des Neuen Reiches als Reiher dargestellt. Im alten Rom sollten Reiher die Zukunft vorhersagen – günstige oder ungünstige Prognosen wurden von ihrem Flugmuster abgeleitet, von ihren Rufen und der Tatsache, ob sie angebotenes Futter annahmen oder nicht. In Europa war gebratener Reiher einst ein beliebtes Festmahl, im Mittelalter und in der Renaissance wurden sie Gästen bei großen Zusammenkünften zu Hunderten serviert.

Weißstorch *(Ciconia ciconia)*

Kaum ein Vogel ist bei Alt und Jung so bekannt wie der stattliche Weißstorch – in vielen Kulturen gilt er als Glücksbringer, Fruchtbarkeitssymbol und Überbringer von Babys. Oft suchen diese Vögel aktiv die Nähe des Menschen, brüten auf Dächern oder Strommasten und folgen auf der Suche nach Nahrung Traktoren beim Mähen von Feldern. Ihr weißes Körpergefieder steht in starkem Kontrast zum Tiefschwarz der Handschwingen und Orangerot des langen Schnabels und der Beine. Zur Nahrungssuche auf Wiesen und Weiden oder im Flachwasser schreiten sie meist leicht nach vorn gebeugt und halten Ausschau nach Insekten, Fischen, Amphibien, Reptilien, Kleinsäugern und kleinen Vögeln. Sie fliegen mit ausgestrecktem Hals und regelmäßigen, langsamen Flügelschlägen. Mit ausgestreckten Flügeln lassen sie sich von warmen Aufwinden in große Höhen tragen. Leider sind diese Vögel nicht mehr so häufig wie früher, weil ihre bevorzugten Lebensräume – offene Landschaften wie Schwemmebenen, Wiesen und Weiden oder Kulturlandschaften mit stehenden Gewässern – immer seltener werden. Große Populationen gibt es derzeit nur noch in Spanien, Polen und im Baltikum. Zum Überwintern fliegen Weißstörche jedes Jahr von Europa nach Afrika, meiden es aber, das Mittelmeer zu überqueren, weil dort keine Aufwinde herrschen. Stattdessen nehmen sie die Route über die Straße von Gibraltar oder den Umweg über die Levante.

STECKBRIEF

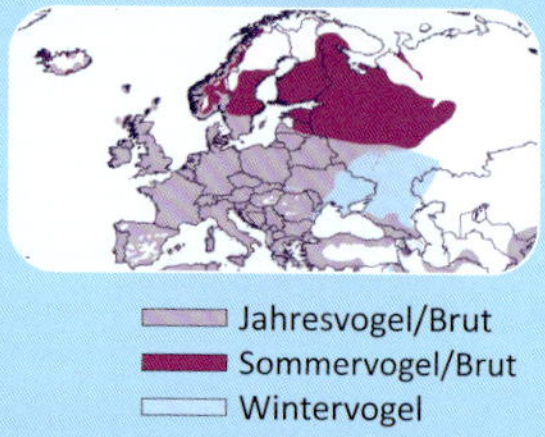

LÄNGE: 100–115 cm; Höhe 100–125 cm

SPANNWEITE: 155–215 cm

GEWICHT: 2,3–4,5 kg

ALTER: Bis 39 Jahre

STIMME: Die ansonsten stummen Vögel klappern zur Begrüßung mit dem Schnabel.

LEBENSRAUM: Flache stehende Gewässer wie Teiche oder Tümpel, umgeben von hohen Bäumen zum Nisten; Feuchtgebiete, Wiesen und Agrarland zum Beutefang

VERBREITUNG: Spanien, Mitteleuropa, Naher Osten; überwintert in Afrika südlich der Sahara bis Südafrika

◀ **Maßstab 1:1 Lebensgröße**

Der Weißstorch ist nicht nur einer der stehend höchsten Vögel Europas, er gehört auch zu den am höchsten fliegenden weltweit. Beim Zug wurde er schon in 4800 m Höhe gesichtet.

Nest mit Jungstörchen

Ei: tatsächliche Größe

Störche in der Kultur

In der heidnischen slawischen Mythologie bringen Störche angeblich die Seelen Ungeborener aus dem Paradies (Vyraj) auf die Erde. Auch in der heutigen slawischen Folkloristik findet sich noch dieser Glaube – speziell, weil Kindern erzählt wird, dass »Störche die Babys bringen«. In asiatischen Ländern gelten Störche als Glücksbringer, besonders für Fischer. Im Taoismus verkörpern sie Unsterblichkeit und geistiges Wachstum, in China symbolisieren sie Langlebigkeit und Weisheit.

Kranich *(Grus grus)*

Mit einer Körperhöhe von 1–1,35 m ist der Kranich der größte Vogel Europas. Er brütet in der gesamten Paläarktis bis nach Sibirien, wobei die größten Populationen in Russland, Finnland und Schweden zu finden sind. Zum Schutz vor Störungen und größeren Raubtieren bevorzugt er abgelegene Feuchtgebiete wie dichte Röhrichte, Niedermoore und Sümpfe. Sein Gefieder ist vorwiegend schiefergrau, Stirn und Kehle sind schwärzlich, von den Augen bis zum oberen Rücken zieht sich ein weißer Streifen. Auffällig ist eine kahle rote Kopfplatte. Hand- und Armschwingen, Daumenfittich, Schwanzspitze und die Ränder der oberen Schwanzdecken sind schwarz. Die Humeralfedern bilden eine üppige Federschleppe über dem Schwanz. Wie alle Kraniche (Familie Gruidae) sind sie Allesfresser. Sie ernähren sich von Pflanzenmaterial wie Rhizomen, Knollen, Stängeln, Blättern, Früchten, Samen und Beeren. Bei Landwirten gelten sie als nützlich, weil sie die Getreideabfälle von abgeernteten Feldern picken. Zur tierischen Beute gehören Insekten, Schnecken, Regenwürmer, Spinnen, Asseln, Amphibien, Nagetiere und kleine Vögel. Kraniche fressen oft im Familienverband oder in kleinen Gruppen. Größtenteils finden sie ihre Nahrung an Land, aber ihre Schnäbel sind auch für die Nahrungssuche im Flachwasser bestens geeignet.

▲ Maßstab 1:1 Lebensgröße

STECKBRIEF

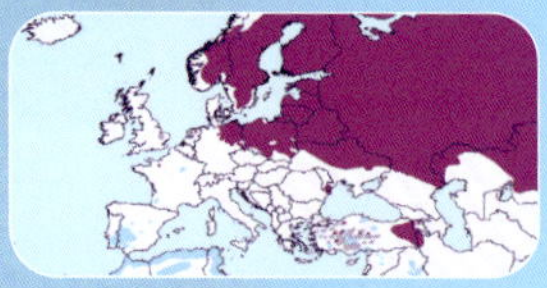

LÄNGE: 100–130 cm

SPANNWEITE: 180–240 cm

GEWICHT: 3–6 kg

ALTER: Bis 20 Jahre in der Natur; 30–40 Jahre in Gefangenschaft

STIMME: Lauter, weit tragender, trompetenartiger Ruf, besonders im Flug und bei der Balz geäußert

LEBENSRAUM: Feuchtgebiete, Moore, Sümpfe

VERBREITUNG: Brütet in Europa und Asien; überwintert je nach Herkunft in Spanien, Portugal, Nordafrika, Nordindien oder Südostasien

Nest

Mutter mit Küken

Alle zwei Jahre machen Kraniche vor dem Zug eine Vollmauser durch. Sie verlieren dann sämtliche Federn und sind sechs Wochen lang flugunfähig, bis das Gefieder wieder nachgewachsen ist.

Bei der Balz werben die Kranichmännchen mit Tänzen und Sprüngen mit erhobenen Flügeln um die Weibchen.

Eisvogel *(Alcedo atthis)*

Die Familie Eisvögel (Alcedinidae) zählt wie die der Bienenfresser (Meropidae) zur Ordnung Rackenvögel (Coraciiformes). Der sperlingsgroße, lebhaft gefärbte Eisvogel ist in ganz Europa, Asien und Nordafrika weit verbreitet und in großen Teilen des europäischen Areals die einzige Eisvogel-Art. Oberseits schillert sein Gefieder metallisch blau – kobaltblau am Rücken, grünlich blau an Kopf und Flügeln. Ohrdecken und Unterseite sind orangebraun, Kinn und Halsseiten weiß. Der Schnabel ist schwarz, beim Weibchen an der Basis des Unterschnabels orangerot. Orangerot sind auch die Füße. Eisvögel fliegen so schnell, dass man ihre kurzen, abgerundeten Flügel nur verwischt wahrnimmt. Sie mit nach unten zeigendem Schnabel im Rüttelflug über dem Wasser zu beobachten, ist ein eindrucksvolles Erlebnis. Sie ernähren sich ausschließlich von Tieren, die im Wasser leben: Fischen, Wasserinsekten und Krebstieren wie Flohkrebsen. Große Fische werden auf einem Ast oder Geländer gefressen, kleinere Beutetiere sofort verschluckt. Eisvögel brüten in sandigen Flussufern, wo beide Eltern eine Brutröhre mit einer Nistkammer am Ende graben. Bei der Balz verfolgt das Männchen das Weibchen mit lauten, schrillen Pfiffen durch die Bäume. Auch mit Pfiffen signalisiert es dem brütenden Weibchen selbst mit vollem Schnabel, dass es Nahrung gebracht hat. Die Übergabe der Fischmahlzeit erfolgt meist im Flug.

STECKBRIEF

Jahresvogel/Brut
Sommervogel/Brut
Wintervogel

LÄNGE: 16–18 cm

SPANNWEITE: 25 cm

GEWICHT: 34–46 g

ALTER: 6–10 Jahre

STIMME: Ruft ein durchdringendes, helles *ziii*; beim Gesang reiht das Männchen diesen Pfiff variabel trillernd aneinander.

LEBENSRAUM: Seen, Teiche, Kanäle, Gräben, Bäche, Flüsse

VERBREITUNG: Brütet in Europa, Asien und Nordafrika; zieht im Winter südwärts, wenn die Gewässer zufrieren

Eisvögel haben regelmäßig genutzte Sitzwarten, von denen aus sie aufrecht sitzend Ausschau nach Fischen halten. Haben sie einen erspäht, stürzen sie sich ins Wasser. Nach erfolgreichem Fang kehren sie mit ihrer Beute zum Ansitz zurück und verzehren diese dort.

Eier und Küken: tatsächliche Größe

So leuchtend ihr Gefieder ist, Eisvögel sind eher scheu und leben zurückgezogen. Da sie jedoch täglich 60 Prozent ihres Körpergewichts an Nahrung benötigen, verteidigen sie ihr Revier an einem Gewässerabschnitt vehement und attackieren Eindringlinge.

◀ **Maßstab 1:1 Lebensgröße**

Elternvogel mit Küken

Flussseeschwalbe *(Sterna hirundo)*

Seeschwalben sind schlanke Seevögel mit langen, spitz zulaufenden Flügeln und tief gegabeltem Schwanz. Sie bilden die Unterfamilie Sterninae in der Familie Möwenverwandte (Laridae). Die zirkumpolar verbreitete Flussseeschwalbe wird in vier Unterarten unterteilt, die in gemäßigten und subarktischen Regionen Europas, Asiens und Nordamerikas brüten und gewöhnlich in tropischen und subtropischen Küstengebieten überwintern. *S. h. hirundo* brütet in Nordafrika, Europa und Asien bis in den Westen Sibiriens. Das Areal von *S. h. minussensis* reicht vom Baikalsee bis in die nördliche Mongolei, das von *S. h. longipennis* von Zentralsibirien bis nach China und gelegentlich Alaska und das von *S. h. tibetana* vom Himalaja bis in die südliche Mongolei und China. Im Prachtkleid sind die Vögel oberseits hellgrau und unterseits weiß oder hellgrau gefärbt, mit schwarzer Kappe und rotorangen Beinen. Anders als Möwen haben Seeschwalben einen geraden, schmalen Schnabel, je nach Unterart ist er rot mit schwarzer Spitze oder ganz schwarz. Im Schlichtkleid werden Stirn und Unterseite weiß, der Schnabel gänzlich schwarz oder schwarz mit roter Basis, und die Beine verfärben sich dunkelrot oder schwarz. Als wendige Flieger vollführen diese Vögel oft rasche Wendemanöver und können auch auf der Stelle rütteln und senkrecht nach oben abheben. Zum Fang von Fischen, Kalmaren oder Krebstieren tauchen sie stoßtauchend ein oder fangen Insekten direkt von der Wasseroberfläche.

STECKBRIEF

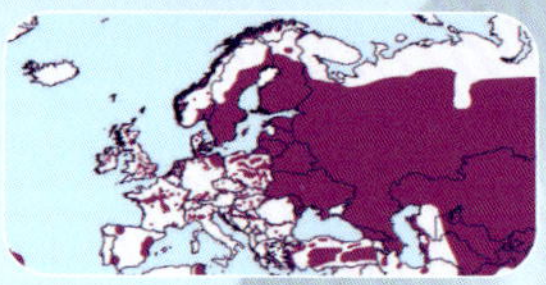

LÄNGE: 31–35 cm

SPANNWEITE: 77–98 cm

GEWICHT: 90–140 g

ALTER: 9–10 Jahre; Altersrekord: 33 Jahre

STIMME: Ruft ein lang gezogenes, schrilles *krie-ääh*

LEBENSRAUM: Sand- und Kiesstrände, Salzwiesen, Flussniederungen

VERBREITUNG: Eurasien, Nordafrika, Nordamerika, Karibik; überwintert auf der Südhalbkugel

◀ **Typisches Balzritual von Flussseeschwalben: ein Fisch als »Brautgeschenk«**

▲ **Maßstab 1:1 Lebensgröße**

Verwandte Art

Eine weitere grau-weiße Art mit schwarzer Kappe, die **Küstenseeschwalbe** (*Sterna paradisaea*), ist Weltrekordhalter im Langstreckenflug. Bei ihren Wanderungen von den Brutgebieten in der Hocharktis in die Antarktis fliegt sie weiter als jede andere Vogelart. Kurz vor dem Aufbruch zum Zug verstummt die gesamte Kolonie. Da die Vögel den Großteil ihrer Zugstrecke im Wind segelnd zurücklegen, können sie sogar im Flug schlafen.

Eier: tatsächliche Größe

Juvenile Vögel

Als Vertreter der Möwenverwandten (Laridae) sind Seeschwalben mit Möwen, Scherenschnäbeln und Raubmöwen verwandt. Die Familie mit rund 100 Arten in 22 Gattungen umfasst meist anpassungsfähige, weltweit verbreitete Seevögel.

Trottellumme *(Uria aalge)*

Dieser Seevogel aus der Familie Alkenvögel (Alcidae) ist im gesamten Nordatlantik und -pazifik anzutreffen, vor allem an Küstenklippen und auf dem offenen Meer. Trottellummen sind hochgradig an ein Leben im Meer angepasst und halten sich außer zur Brutzeit auf See auf. Kopf, Rücken und Flügel sind schwarz, kontrastierend mit der weißen Unterseite. Zur Brutzeit sind die Lummen schlanker und haben einen schwarzen Kopf, im Winter ist ihr Gesicht weiß mit dunklem Augenstreif. Ihr Schnabel ist lang und spitz, die Beine sind dunkelgrau oder schwarz. Im Gegensatz zu vielen anderen Seevögeln mit großer Spannweite haben Trottellummen als Anpassung an einen kraftvollen schnellen Flug und das Schwimmen unter Wasser kurze, spitze Flügel. Diese nutzen sie unter Wasser als Antrieb bei der Jagd nach Fischen und Krustentieren. Schmale Felssimse dienen ihnen als Brutplatz. Dort legen sie ein einzelnes, kegelförmiges Ei – die einzigartige Form verhindert ein Herunterrollen. Beide Eltern teilen sich das Brutgeschäft und versorgen das Küken, das mit etwa drei Wochen das Nest verlässt – mit einem kühnen Sprung von der Klippe ins Meer (»Lummensprung«). Die einzige Brutkolonie Deutschlands findet sich auf der Hochseeinsel Helgoland, wo rund 2500 Paare brüten, überwiegend am »Lummenfelsen«.

STECKBRIEF

LÄNGE: 38–46 cm

SPANNWEITE: 64–81 cm

GEWICHT: 0,9–1,1 kg

ALTER: 20–25 Jahre; Rekord: mehr als 40 Jahre

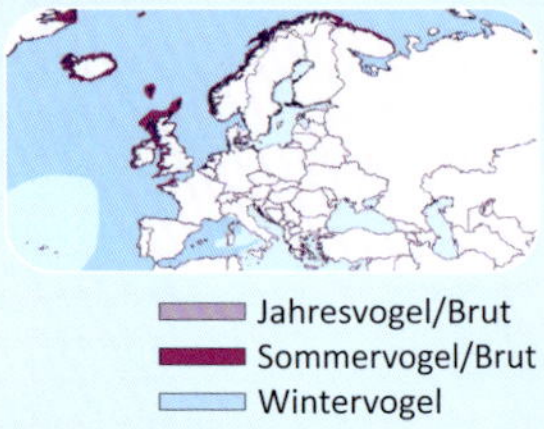

STIMME: Ruf ist ein tiefes, lautes *ha-aaahr*; die Jungen geben hohe, pfeifende Piepstöne von sich; in der Kolonie ertönen auch stakkatoartig harte, nasale Laute, *ha-ha-ha*.

LEBENSRAUM: Küstenklippen, Felsküsten und offenes Meer

VERBREITUNG: Brütet im Nordatlantik und Nordpazifik, etwa an Küsten in Europa, Asien und Nordamerika; zieht in kälteren Monaten südwärts, überwintert auf hoher See

Die Bestände der Art sind zwar generell stabil, aber Klimawandel, Ölverschmutzung und Überfischung stellen Bedrohungen dar. Die IUCN listet sie als »nicht gefährdet«, aber einige regionale Populationen sind rückläufig.

▶ Maßstab 1:1 Lebensgröße

Elternvogel mit Küken

Ei: tatsächliche Größe

Altvogel mit Ei im Nest

Vogelzug

AUSLÖSER FÜR DEN ZUG
Der Antrieb bestimmter Arten, zu ziehen, ist ein komplexes, genetisch verankertes Verhalten. Die saisonale Unruhe kann durch mehrere Faktoren hervorgerufen werden: durch die abnehmende Tageslänge, Temperaturveränderungen, ein verändertes Nahrungsangebot und durch erbliche Prädisposition. Viele Aspekte der Wanderungen sind der Wissenschaft erst im Ansatz bekannt – etwa, warum bestimmte Populationen derselben Art unterschiedliche Zugmuster zeigen.

DAS GEHEIMNIS DER NAVIGATION
Zugvögel ziehen nicht nur Tausende Kilometer von ihren Brutgebieten und wieder zurück, sondern folgen auch noch Jahr für Jahr denselben Routen. Selbst Erstzieher erreichen meist ohne Begleitung die traditionellen Winterquartiere ihrer Artgenossen – durch angeborenes Wissen. Zwar wissen die Wissenschaftler noch immer nicht genau, wie Vögel es schaffen, so exakt zu navigieren, vermutlich spielen dabei aber der Stand der Sterne, die Fähigkeit, Änderungen des Magnetfelds der Erde wahrzunehmen, sowie der Geruchssinn eine Rolle. Manche Arten folgen vertrauten Routen mit wichtigen Zwischenstationen zum Rasten.

Viele Tiere unternehmen auf der Suche nach milderer Witterung, ergiebigeren Nahrungsquellen oder Brutplätzen jahreszeitliche Wanderungen in andere geografische Regionen. Zu den am besten dokumentierten gehört die Wanderung der riesigen Herden skandinavischer Rentiere aus der Tundra in die Taiga. Zu Fuß wandernde Tiere sind hinsichtlich der zurückgelegten Strecke eingeschränkt – das gilt für Vögel wegen ihres Flugvermögens nicht. Viele unternehmen epische Wanderungen von Zehntausenden Kilometern, andere fliegen so hoch, dass sie die Gipfel des Himalajas überqueren. Daher überrascht es nicht, dass die Massenwanderung von Vögeln – der Vogelzug – Vogelbeobachter auf der ganzen Welt schon seit Jahrhunderten in den Bann zieht und als eines der großen Naturwunder gilt.

Alljährlich ziehen Millionen europäischer Vögel von ihren Brutgebieten in die Winterquartiere und wieder zurück – die meisten, um ausreichend Nahrung zu finden und raue Witterung zu vermeiden. So genießen z. B. viele in der Arktis und Nordeuropa brütende Vögel die Fülle an Beeren und Gräsern in Mitteleuropa und ebenso das relativ milde winterliche Klima. Sobald im Frühling im Norden die Schneeschmelze einsetzt, fliegen sie zurück in die Tundra und an die Meeresküsten. Dort balzen sie dann, paaren sich und ziehen ihre Jungen auf.

Unter den europäischen Zugvögeln finden sich Langstreckenzieher wie Schwalben, die von ihren Brutgebieten zum Überwintern südwärts bis nach Afrika fliegen, sowie Kurzstreckenzieher, die nur regional ziehen. Mittlere Strecken über einige Hundert Kilometer legen Vögel wie das Rotkehlchen zurück und erreichen dadurch oft andere Länder. Zudem gibt es auch noch lokale Wanderungen in andere Höhenlagen, z. B. aus dem Hochgebirge auf der Suche nach milderen Bedingungen und Nahrung in weniger exponierte Täler.

Ihr Ziel erreichen verschiedene Vogelarten mit unterschiedlichen Flugweisen. Manche, wie Laubsänger, müssen ständig mit den Flügeln schlagen, um die erforderliche Fluggeschwindigkeit beizubehalten. Andere, wie Sturmtaucher, sind in der Lage, nur ab und an einmal mit den Flügeln zu schlagen, ansonsten jedoch zu segeln und dadurch wertvolle Energiereserven zu sparen.

VERLUST SICHERER ZUFLUCHTSORTE
Schon jetzt haben sich die Zugmuster mancher Zugvogelarten verändert, bedingt durch Klimawandel und Lebensraumzerstörung an ihren Zielen im Norden und Süden wie auch an den Zwischenstationen, an denen sie sich mit Nahrung stärken und rasten. Anpassungsfähige Arten, die alternative Orte zum Rasten finden, werden überleben. Die anderen werden letztlich irgendwann aussterben.

LICHTER AUS!

Der Vogelzug ist eine komplexe Angelegenheit und erfordert zielsichere Navigation sowie unglaubliche Ausdauer. Wie Studien ergaben, ist Licht ein entscheidender Faktor bei den Zugrouten: Im Flug orientieren sich Vögel tagsüber am Stand der Sonne und nachts an dem der Sterne, selbst polarisiertes Licht können sie wahrnehmen. Doch für die vielen bei Nacht ziehenden Arten wird die präzise Orientierung durch künstliche Lichtquellen gestört. Die Lichtverschmutzung hat eine Desorientierung zur Folge, sodass sie über beleuchteten Gegenden kreisen. Sie verändert auch Verhaltensweisen wie Nahrungssuche oder stimmliche Kommunikation und erschöpft die Energiereserven. Dadurch erhöht sich das Risiko der Erschöpfung, Feinden zum Opfer zu fallen und tödlicher Kollisionen mit hell erleuchteten Gebäuden. Vermutlich wird dadurch zudem die innere Uhr der Vögel gestört. Der Slogan des Weltvogelzugtags 2022 lautete »Licht aus bei Nacht für die Vögel« in Firmengebäuden zu den jährlichen Zugzeiten.

LANGSTRECKENFLUG

Die Küstenseeschwalbe (*Sterna paradisaea*) hält den Rekord für die längste Wanderung im Tierreich. Der grazile Seevogel absolviert im Schnitt jährlich eine Rundreise von 70 900 km von Grönland im Nordatlantik bis an die Küste der Antarktis. Von Nordeuropa ist die Strecke sogar noch länger. Auf diese Weise kann eine einzelne Seeschwalbe während ihres 30-jährigen Lebens dreimal die Strecke von der Erde bis zum Mond zurücklegen.

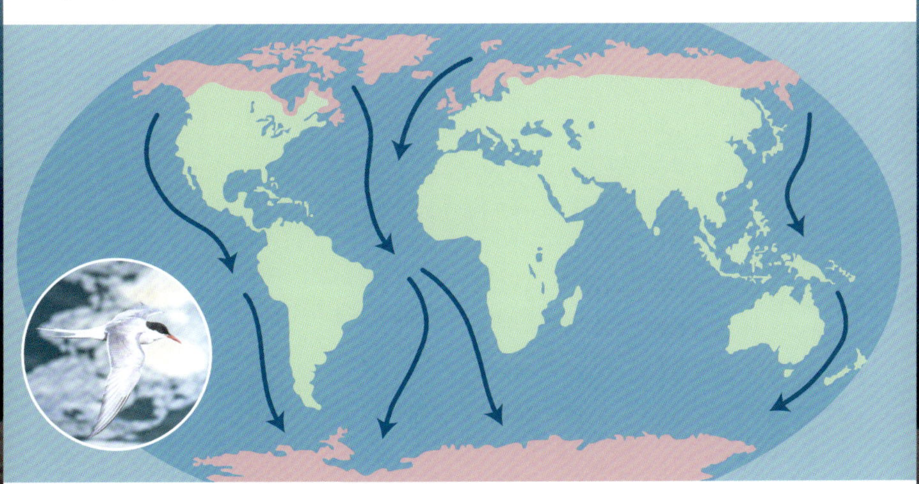

Vogelzug kann ausgesprochen erschöpfend sein – der gesamte Vorgang umfasst alljährlich zwei Wanderungen und zwei stationäre Phasen zum Brüten und Überwintern. Nach Schätzung von Ornithologen leben nur 50 Prozent der Zugvögel länger als ein Jahr.

Lachmöwe *(Chroicocephalus ridibundus)*

Die kleine Lachmöwe brütet in weiten Teilen der Paläarktis und entlang der Ostküste von Kanada. Die nördlichen Populationen sind Zugvögel, die nordeuropäischen überwintern großteils in Küstenregionen Nordafrikas und des östlichen Mittelmeerraums, die asiatischen in Südasien und Japan. Die Bestände im gemäßigten Europa sind Standvögel. Im Sommer ist der Kopf erwachsener Vögel beider Geschlechter charakteristisch dunkelbraun (fast schwarz) gefärbt, der Körper blassgrau, die Spitzen der Handschwingen sind schwarz. Schnabel und Beine sind rot gefärbt. Im Winter verschwindet die dunkle Haube bis auf zwei kleine Flecken. Das Jugendkleid ist braun gesprenkelt mit schwarzer Binde am Schwanz. Lachmöwen brüten überwiegend im Binnenland in lärmenden Kolonien am Boden, bevorzugt in Schilfgürteln, Sümpfen oder auf Inseln in Seen. Auch außerhalb der Brutzeit sind sie ausgesprochen gesellig, gehen gemeinsam auf Nahrungssuche und bilden Schlafgemeinschaften. Sie ernähren sich opportunistisch von Insekten, Fischen, Körnern und Würmern, in Städten auch von Abfällen und Aas, und auf Feldern von Wirbellosen. Nur selten fliegen diese »Landratten« weit aufs Meer hinaus.

Etymologie

Der Gattungsname *Chroicocephalus* leitet sich von altgriechisch *khroizo* für »färben« und *kephale* für »Kopf« ab. Der Artname *ridibundus* ist lateinisch für »lachend«, abgeleitet von *ridere* für »lachen«. Der deutsche Name Lachmöwe bezieht sich wahrscheinlich ebenfalls auf die wie spöttisches Gelächter klingenden Laute. Er könnte jedoch auch darauf Bezug nehmen, dass diese Möwen bevorzugt an »Lachen«, also flachen Gewässern, anzutreffen sind und auch an solchen brüten.

STECKBRIEF

LÄNGE: 37–44 cm

SPANNWEITE: 94–110 cm

GEWICHT: 190–400 g

ALTER: Rekord: mehr als 32 Jahre

STIMME: Ruft ein variables, rau krächzendes *krriärr* oder *grääh*, erinnert an ein spöttisches Lachen

LEBENSRAUM: Jegliche Feuchtgebiete – Ententeiche, Seen, Felder, Sümpfe, Meeresküsten

VERBREITUNG: Paläarktis, Küstengebiete im Nordosten Kanadas; überwintert in Nordafrika, im Mittelmeerraum, in Südasien und Japan

Klassifikation

Wie viele andere Möwen wurde auch diese Art vormals in die Gattung *Larus* gestellt, eine große Gruppe von Möwen mit globaler Verbreitung. Ihre derzeitige Gattung *Chroicocephalus* umfasst mittelgroße bis eher kleine Möwen (alle ehemals *Larus* zugeordnet). Arten dieser Gattung kommen weltweit vor, aber jede ist auf eine bestimmte Region beschränkt.

Koordiniertes Betteln

Zum Füttern würgen beide Eltern ihren Küken Nahrung auf den Boden. Wie viel sie hervorwürgen, ist abhängig von der Intensität des Bettelns. Schon eine Woche nach dem Schlüpfen haben die Nestlinge gelernt, ihre Bettelsignale zu verstärken.

▲ **Maßstab 1:1 Lebensgröße**

Eier: tatsächliche Größe

Küken

Sturmmöwe *(Larus canus)*

Als weiterer Vertreter der Familie Möwenverwandte (Laridae) brütet diese mittelgroße, hübsche Art in der Paläarktis. Zur Brutzeit hat sie einen weißen Kopf, dunkle, rot umrandete Augen und einen grünlich gelben Schnabel. Der Körper ist unterseits weiß, oberseits grau mit langen, grauen Flügeln. Im Winter ist der Kopf grau gestrichelt und der Schnabel trägt eine schmale dunkle Binde. Wie die meisten Möwen sind auch die Sturmmöwe und die anderen Arten der Gattung *Larus* Allesfresser. Sie jagen lebende Beute, schlagen bei Gelegenheit aber auch Aas nicht aus. An der Küste erbeuten sie Fische, Krebs- und Weichtiere oder Seeigel, an Binnengewässern Insekten, Regenwürmer, kleine Nagetiere und Jungvögel, zudem fressen sie Aas und Abfälle. Da die Sturmmöwe ihre Kiefer aushängen kann, vermag sie auch große Beutetiere zu verschlingen. Paare bauen ihre ausgepolsterten Nester am Boden in Wassernähe, nisten aber als einzige der weißköpfigen Möwen auch in Bäumen.

STECKBRIEF

LÄNGE: 40–46 cm

SPANNWEITE: 110–125 cm

GEWICHT: 290–480 g

ALTER: 10–20 Jahre

STIMME: Ruf ist ein hohes, lautes *kiää* oder *kiaa*; bei der Balz noch das »Jauchzen« sowie ein summendes »Miauen« mit hochgeworfenem Kopf

LEBENSRAUM: Nistet in Salzwiesen an der Küste, auf Sanddünen, Felssimsen, an Kiesstränden und an Gebäuden; sucht auf Müllhalden nach Abfällen, aber nicht häufig im Binnenland anzutreffen.

VERBREITUNG: Brütet in der Paläarktis, viele Populationen überwintern weiter südlich

Eier: tatsächliche Größe

Juveniler Vogel

Etymologie

Die Bezeichnung Möwe geht vermutlich auf die nicht belegte, aber rekonstruierte germanische Bezeichnung *mǣwō* zurück, die wohl lautmalerisch ist und dem mittelniederdeutschen *mēwe* zugrunde liegt. Weil Möwen oft weite Strecken über das Meer fliegen, gelten sie als Symbol für Freiheit und Unabhängigkeit.

▲ **Maßstab 1:1 Lebensgröße**

Möwen gehören zu den intelligentesten Vögeln. Sie lernen aus Erfahrung und geben ihre Fähigkeiten an Artgenossen weiter. So z. B. ein Verhalten, das signalisiert, dass Fische in der Nähe sind – indem sie beim Überfliegen eines Fischschwarms auf typische Weise flattern.

Silbermöwe *(Larus argentatus)*

Diese großen, stämmigen Vögel mit dem kräftigen Schnabel sind an Stränden und Küsten Westeuropas ein vertrauter Anblick. Im Brutkleid sind Rücken und Flügeloberseiten hellgrau, Kopf und Unterseite weiß gefärbt. Die schwarzen Flügelspitzen tragen weiße Flecken. Die Beine sind gewöhnlich rosa fleischfarben, können aber auch gelblich sein. Der auffällige rote Fleck am gelben Unterschnabel dient als soziales Signal für Artgenossen und spielt beim Füttern der Küken eine Rolle. Indem die Küken gegen diesen Fleck picken, stimulieren sie ihre Eltern, ihnen Nahrung hervorzuwürgen. Das braun gestrichelte Jugendkleid wird erst nach vier Jahren zum Erwachsenengefieder gemausert. Als Allesfresser ernähren sich die aggressiven Silbermöwen von Fischen, Kleinsäugern, Insekten, Jungvögeln und Eiern, aber auch von Aas und Abfällen. Menschen gegenüber verhalten sich die allgegenwärtigen Küstenvögel furchtlos und stürzen sich herab, um Bissen eines Strandpicknicks zu erhaschen. Ihre Eier im Bodennest oder auf Felsklippen verteidigen sie erbittert.

Eier und Küken im Nest

STECKBRIEF

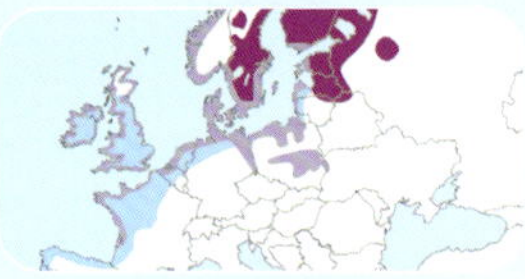

LÄNGE: Männchen 60–67 cm; Weibchen 55–62 cm

SPANNWEITE: 125–155 cm

GEWICHT: Männchen 1,0–1,5 kg; Weibchen 0,7–1,1 kg

ALTER: 10–20 Jahre; Rekord: 49 Jahre

STIMME: Wie *ha-ha-ha* klingender Alarmruf, kann sich im Flug zu klagendem Miauen, *jiauu*, oder eher kläffendem *kjiiau* verändern; dieses dient auch persönlichem Erkennen

LEBENSRAUM: Brütet in Küstengebieten, an großen Seen und Flusssystemen; Nahrungssuche im Meer, an Stränden, auf Schlickflächen, gepflügten Feldern, in Sümpfen, auf Müllhalden, an Picknickplätzen, Hafenkais und Anlegestellen von Fischkuttern

VERBREITUNG: Ringförmig über die gesamte Nordhalbkugel verbreitet, darunter auch Küstenregionen in Westeuropa

Juveniler Vogel

Möwen sind meist monogam. Bekommt ein Paar aber keinen Nachwuchs, kann es zur Trennung kommen und jeder sucht einen neuen Partner.

Zum Trinken suchen sich Silbermöwen gewöhnlich Süßwasser, können aber in der Not auch Meerwasser aufnehmen. Dazu imstande sind sie aufgrund spezieller Drüsen oberhalb der Augen, über die sie das ansonsten entwässernd wirkende Salz ausscheiden können. Das salzige Exkret tropft dann aus den Nasenlöchern.

◄ **Maßstab 1:1 Lebensgröße**

Sturmmöwe vs. Silbermöwe

Bei den auf den ersten Blick sehr ähnlichen Arten gibt es neben dem deutlichen Größenunterschied noch einige weitere Merkmale zur Bestimmung. Der Schnabel der Sturmmöwe (unten) ist dünner und weist keinen roten Fleck auf. Während Silbermöwen gelbe Augen haben, sind sie bei Sturmmöwen dunkel und verleihen ihnen ein sanfteres Aussehen. Zudem sind die Beine bei der Sturmmöwe grünlich gelb und nicht fleischfarben bis rosa.

Die großen Vögel haben nur wenige Feinde. Nur gelegentlich werden sie von Raubvögeln wie Seeadlern, Wander- und Gerfalken oder auch von Füchsen bedroht.

Kormoran *(Phalacrocorax carbo)*

Um die bedeutende Wasservogel-Art aus der Familie Kormorane (Phalacrocoracidae) in der Ordnung Ruderfüßer (Suliformes) ranken sich schon seit Jahrhunderten Legenden und Mythen, vor allem in Skandinavien. Die altweltlichen Populationen brüten von Europas Küsten über die gesamte Paläarktis bis nach Sibirien. Zum Überwintern ziehen sie in gemäßigte Regionen wie West- und Südeuropa sowie Südasien. Die Größe der recht stattlichen Vögel hängt von der Unterart ab, Männchen sind meist etwas größer. Ihr Gefieder ist tief schwarz mit bronze glänzenden Flügeln und zur Brutzeit weißen Flecken an Schenkeln und Kehle. Der hakenförmige Schnabel ist gelborange, die Beine sind schwarz. Als geschickte Taucher können Kormorane – bei einem Tagesbedarf von einem Pfund Fisch – bis 45 m tief tauchen. Angetrieben durch die Füße mit Schwimmhäuten und mit den Flügeln rudernd schnappen sie ihre Beute unter Wasser mit dem Schnabel. Brutpaare bilden große Kolonien und nutzen oft alljährlich dieselben Brutplätze. Das Nest aus Zweigen und Tang kann am Boden von Felsinseln, an Klippen, auf verkrüppelten Bäumen oder verlassenen Gebäuden errichtet werden.

STECKBRIEF

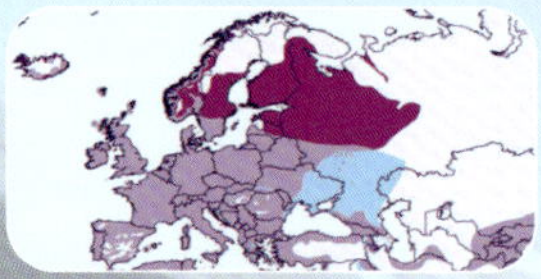

LÄNGE: 70–102 cm

SPANNWEITE: 121–160 cm

GEWICHT: 1,5 kg–5,3 kg

ALTER: 15–20 Jahre

STIMME: Gewöhnlich ruhig, in den Brutkolonien erschallen kehlige, krächzende Laute.

LEBENSRAUM: Am Meer, im Gezeitenbereich von Flussmündungen, an Süßwasserseen und Flüssen

VERBREITUNG: Atlantikküste von Skandinavien über Westeuropa bis nach Nordwestafrika, zentrales Eurasien; überwintert z. B. in Spanien und Südasien

Kormoran-Fischerei

Vor allem in China und Japan nutzen Fischer Kormorane zum Fischfang. Damit der Vogel gefangene Fische nicht verschlucken kann, wird ein Ring um seinen Hals gelegt. Ist der Vogel mit einer Schnur zum Boot zurück gezogen, löst der Fischer beim ihm den Würgereflex aus und kann den Fisch entnehmen.

Verwandte Art

Die **Krähenscharbe** (*Gulosus aristotelis*) gehört ebenfalls zur Familie Kormorane (Phalacrocoracidae), ist aber die einzige Art ihrer Gattung. Sie kommt in drei Unterarten in Nordwesteuropa, in Südeuropa und Südwestasien sowie an der nordwestafrikanischen Küste vor. Die schwarzen Vögel sind kleiner und schlanker als der Kormoran, mit schmalerem Schnabel. Ihr Gefieder schimmert metallisch grün, sie haben einen gelben Hautfleck am Schnabel und einen langen Schwanz. Zur Brutzeit tragen sie einen kleinen Schopf. Auch sie sind eindrucksvolle Taucher und verfolgen ihre Beutefische wie Dorsche und Sandaale auf der Jagd bis in 61 m Tiefe.

Weil Fischer ihn als Konkurrenten ansahen, wurde der Kormoran fast ausgerottet. Durch gesetzlichen Schutz haben sich die Bestände wieder erholt. Derzeit leben in Europa etwa 1,2 Mio. Kormorane.

▲ **Maßstab 1:1 Lebensgröße**

Anders als das der meisten anderen Wasservögel ist das Gefieder von Kormoranen nicht wasserabweisend. Deshalb sind sie sehr anfällig gegen schlechtes Wetter und verhungern bisweilen sogar.

Eier im Nest

Küken

Elternvogel füttert Jungvögel

Basstölpel *(Morus bassanus)*

Diese weit verbreitete Art ist nicht nur die größte der Familie Tölpel (Sulidae), die wie Kormorane zur Ordnung Ruderfüßer (Suliformes) zählt, sondern auch einer der größten Seevögel im Nordatlantik. Sie brütet in Westeuropa und im nordöstlichen Nordamerika und zieht für milderes Wetter kurze bis mittlere Strecken. Altvögel sind weitgehend weiß mit schwarzen bis tiefbraunen Flügelspitzen und typischer cremegelber Färbung an Kopf, Nacken und Halsseiten. Der kräftige Schnabel ist spitz und konisch, der Schwanz zugespitzt, die Flügel sind lang und schmal. Basstölpel sind geschickte Jäger von Fischen und Kalmaren, die wie Pfeile aus großer Höhe im Sturzflug ins Wasser stoßen. Unter Wasser sorgen die Flügel und die mit Schwimmhäuten versehenen Füße für Antrieb. So erreichen sie mehr als 20 m Tiefe und können bis 30 Sekunden unter Wasser bleiben. Mit dem Sekret der Bürzeldrüse machen sie ihr Gefieder wasserabweisend. Wie Möwen folgen Basstölpel häufig Fangschiffen, um Abfälle zu erhaschen. Zur Brutzeit bilden sie an Küstenklippen oder auf Felsinseln Kolonien aus teils Zehntausenden Individuen. Paare bleiben zumeist ein Leben lang zusammen. Vermutlich erkennen sie den Ruf ihres Partners im Stimmengewirr der riesigen Kolonie.

STECKBRIEF

LÄNGE: 87–100 cm

SPANNWEITE: 170–180 cm

GEWICHT: 2,3–3,6 kg

ALTER: Bis zu 35 Jahre

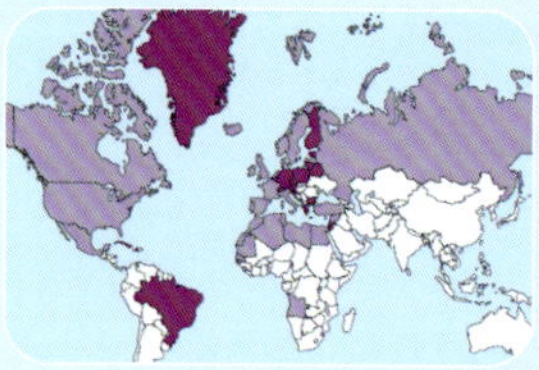

STIMME: Ruft bei der Rückkehr zur Kolonie oder als Kampfansage rau *arrah-arrah*; wird beim Fischfang zu einem *rah-rah* verkürzt, beim Abflug zu einem weichen *uu-ah* lang gezogen

LEBENSRAUM: Küstenklippen, kleine Felsinseln

VERBREITUNG: Westeuropa, Nordatlantik, Afrika, Australien, Neuseeland; in Deutschland Brutkolonie auf Helgoland

Bei der Rückkehr zum Nest kommt es bei festen Paaren zu einer typischen Begrüßungszeremonie: Brust an Brust mit ausgebreiteten Flügen recken die Vögel laut rufend den Kopf und fechten mit den Schnäbeln.

An Land bewegen sich die stromlinienförmigen Tölpel recht unbeholfen. Daher starten sie ihre Flüge lieber vom Wasser aus.

▶ **Maßstab 1:1**
Lebensgröße

Ei im Nest

Elternvögel mit Küken im Nest

Glossar

Adult Bezeichnet ein erwachsenes, geschlechtsreifes Lebewesen. Manche Vögel tragen erst dann ihr charakteristisches Adultgefieder.

Anisodaktyl Bestimmte Anordnung der vier Zehen eines Vogelfußes – die erste Zehe ist nach hinten gerichtet, die drei anderen zeigen nach vorne. Charakteristisch für Singvögel.

Balz Verhalten von Männchen zur Werbung um eine Partnerin und Paarbildung. Kann unterschiedliche Elemente umfassen wie Gesang, Zurschaustellung des Prachtgefieders, Tänze und Brautgeschenke.

Brut Die gleichaltrigen geschlüpften Küken in einem Nest, die man auch als Nestlinge bezeichnet.

Brüten Das Ausbrüten, Warmhalten und Beschützen der Eier in einem Nest bis zum Schlüpfen der Küken.

Brutparasiten Bezeichnung für Vögel wie den Kuckuck, die ihre Eier in die Nester anderer Vögel legen, von diesen ausbrüten und auch das Küken aufziehen lassen. Meist sind ihre Küken größer als die der Wirtseltern und bekommen mehr Futter und Aufmerksamkeit, sodass sie eine größere Überlebenschance haben. Oft werfen sie auch die anderen Küken oder Eier aus dem Nest.

Bürzel Der Bereich bzw. das Gefieder oberhalb der Schwanzwurzel von Vögeln. Hier befindet sich auch die Bürzeldrüse, mit deren Sekret viele Wasservögel ihr Gefieder einfetten und so wasserabweisend machen.

Farbmorphe (Farbphase) Hiervon spricht man, wenn Individuen derselben Art unterschiedliche oder atypische Gefiederfärbungen aufweisen. (Bezieht sich aber nicht auf verschiedene Färbungen der Geschlechter.)

Flügelspiegel Oft anders gefärbte, optisch auffällige Gefiederpartie an den Armschwingen einiger Vögel, z. B. mancher Enten.

Formationsflug Komplexe, koordinierte Flugmanöver eines Vogelschwarms, der sich wie eine synchron wabernde Wolke bewegt. Typisch z. B. für Stare und manche Watvögel.

Gelege Die von einem Vogel (oder auch Reptil) zum etwa gleichen Zeitpunkt in ein Nest gelegten Eier. Wenn das Gelege einem Nesträuber zum Opfer fällt oder der Mensch die Eier für ein Zuchtprogramm entnimmt, kann es zu einem weiteren Gelege kommen.

Gleichwarm Bezeichnung für Tiere, die ungeachtet der Außentemperaturen eine stabile Körpertemperatur aufrechterhalten können.

Gründeln Form des Nahrungserwerbs von Wasservögeln, vor allem der sogenannten Gründelenten, wobei diese in flachem Wasser mit Kopf und Hals untertauchen und am Gewässergrund nach Nahrung zu suchen.

Hassen Verhalten mancher Vögel gegenüber Eindringlingen wie Raubvögeln mit lauten Alarmrufen, Scheinangriffen und richtigen Attacken, u. a. von Krähen und Hähern gezeigt.

Hautlappen (Kehllappen) Fleischige, am Schnabel mancher Vögel herabhängende Strukturen.

Holarktis Die biogeografische Region, die alle nichttropischen Gebiete der Nordhalbkugel umfasst, also Europas, Asiens, Nordafrikas und Nordamerikas.

Hybridisierung Die Kreuzung von Individuen zweier unterschiedlicher Arten oder Unterarten. Die entstehenden Nachkommen nennt man Hybride.

Indikator-Art (Zeigerart) Eine Art, die besonders empfindlich auf Umweltveränderungen reagiert und es ermöglicht, diese wissenschaftlich zu erforschen.

Invasion Plötzliches, massenhaftes Einwandern von im Norden überwinternden Vogelarten in südlicheren Gefilden in Jahren mit Nahrungsknappheit. Seidenschwänze sind z. B. Invasionsvögel.

Irrgast Bezeichnung für einen Vogel, der weitab von seinem normalen Zugweg, Brut- oder Überwinterungsgebiet auftaucht. So werden bisweilen Vögel vom Kontinent durch Stürme nach Großbritannien oder Island verdriftet.

Juvenil Bezeichnet Jugendstadien von Lebewesen. Manche Vogelarten haben ein spezielles Jugendkleid, das sich von dem geschlechtsreifer Individuen unterscheidet.

Klade Gruppe von Lebewesen, die den letzten gemeinsamen Vorfahren und alle aus diesen in der Evolution hervorgegangenen Arten umfasst. Der Vorfahr kann noch leben oder schon ausgestorben sein. (Von griechisch *klados* für »Zweig«.)

Kleptoparasiten Bezeichnung für Vogelarten, die anderen Arten ihre erbeutete Nahrung stehlen, z. B. Seeadler, die Fischadlern ihre gefangenen Fische streitig machen.

Kommensalismus Beziehung zwischen zwei Organismen in der Natur, von der einer der beiden profitiert, ohne dem anderen zu schaden.

Krippe (Crèche) Teils größere Ansammlung von Küken oder Jungvögeln, die von mehreren erwachsenen Vögeln beaufsichtigt werden.

Kropfmilch Aus Epithelzellen des Kropfs gebildetes Sekret, das zum Füttern der Küken hochgewürgt wird, z. B. bei Tauben, Flamingos und Pinguinen.

Nasenlöcher Sitzen bei Vögeln in der Regel an der Basis des Schnabels.

Nearktis Biogeografische Region der Nordhalbkugel, die fast ganz Nordamerika von der Arktis bis ins mexikanische Hochland umfasst.

Nestmulde Einfache, in den Boden gescharrte Vertiefung, die als Nest dient und ein Wegrollen der Eier verhindert. Kann ausgepolstert sein oder auch nicht.

Nominatform Die zuerst beschriebene Unterart einer Art, die den gleichen Namen wie die Art trägt.

Opportunisten Bezeichnet Arten, die sehr anpassungsfähig sind, z. B. bei der Nahrungswahl nicht wählerisch sind, sondern sich bietende Gelegenheiten zu ihrem Vorteil nutzen.

Paläarktis Biogeografische Region der Nordhalbkugel, die Europa, Asien nördlich des Himalajas, Nordafrika und die gemäßigten Gebiete der Arabischen Halbinsel umfasst.

Prachtkleid (Brutkleid) Abweichendes Gefieder während der Paarungszeit. Es dient der Partnerwerbung bei der Balz und ist meist auffälliger und bunter als das Schlichtkleid. Gewöhnlich ist es bei den Männchen stärker ausgeprägt. Zu den bekanntesten Beispielen zählen Enten.

Schlichtkleid (Ruhekleid, Winterkleid) Das meist weniger auffällige Gefieder außerhalb der Brutzeit. Anders als im Prachtkleid sehen die Männchen im Schlichtkleid den Weibchen oft viel ähnlicher und sind bisweilen kaum von diesen zu unterscheiden.

Schwungfedern (Flugfedern) Die langen, steifen, asymmetrischen Federn, welche die Tragflächen des Vogelflügels bilden. Werden unterteilt in Armschwingen und Handschwingen. (Die Schwanzfedern heißen auch Steuerfedern.)

Standvogel (Jahresvogel) Bezeichnet Vogelarten, die im Gegensatz zu Zugvögeln ganzjährig in dem Gebiet bleiben, in dem sie brüten.

Sturzflug Das fast senkrechte Abtauchen eines jagenden Falken in der Luft, bei der er hohe Geschwindigkeiten erreicht.

Syrinx Der Stimmkopf, mit dem Vögel ihre Rufe und Gesänge erzeugen. (Vom griechischen Wort für »Panflöte«.)

Teilzieher Vogelarten, von denen ein Teil der Population zum Überwintern in wärmere Gefilde zieht, während der andere Teil wie Standvögel ganzjährig im Brutgebiet bleibt.

Torpor Zustand der Starre und Inaktivität, in den manche Vögel verfallen können, um Energie zu sparen.

Vogelzug Jahreszeitliche Wanderungen von Vögeln von ihren Brutgebieten in die Winterquartiere und zurück aufgrund abnehmenden Nahrungsangebots.

Vorratshaltung Von manchen Vögeln praktiziertes Verhalten, für den Winter einen Vorrat an Nahrung wie Samen und Nüssen anzulegen, z. B. versteckt unter Baumrinde.

Zygodaktyl Bestimmte Anordnung der vier Zehen eines Vogelfußes – die zweite und dritte Zehe sind nach vorn gerichet, die erste und vierte Zehe nach hinten, z. B. bei Spechten.

Register wissenschaftlicher Namen

Bildnachweis

Legende

SS = Shutterstock.com DT = Dreamstime.com
AL = Alamy Stock Photo CC = Creative Commons

l = links r = rechts m = Mitte
o = oben u = unten

Verbreitungskarten: Adam Moore
Hintergründe: mypokcik/SS

Umschlagbilder:
Vorn: Photographer_from_1980/SS (ol); Media Drum World/AL (or); Life on white/AL (ul); petrdd/SS (ur)
Hinten: Wendy Bee/SS
Vorsatz: Erni/SS
Titelei: 1 Traveller MG/SS; 2l trevor hunter/AL; 2r Josh Harrison/AL; 3 Nature Photographers Ltd/AL
Impressum: Saverio Gatto/AL
Einführung: 6–7 muratart/SS; 8–9 Hintergrund Albert Beukhof/SS; 8–9 Alamin-Khan/SS

10ol Buiten-Beeld/AL; 10ul gailhampshire/CC; 10um Radu Mod/SS; 10ur Mats Janson/AL; 11ol Paul Maguire/SS; 11om Tilzit/SS; 11or The Natural History Museum/AL; 11m Vasiliy Vishnevskiy/AL; 11ul Michal Dobes com/SS; 11ur Branislav Cerven/SS; 12ul Mario Cea Sanchez / VWPics/AL; 12mr Mats Janson/AL; 12ur Greens and Blues/SS; 13ol paul sawer/AL; 13or Sonja Kübelbeck/CC; 13mro Charles Melton/AL; 13ul Alexis LOURS/CC; 13mru NatureTron/SS; 13ur SanderMeertins-Photography/SS; 14ol Dr. Ajay Kumar Singh/SS; 14ul Ihor Hvozdetskyi/SS; 14mr Berbegal Miguel Angel/SS; 15ol Ivan Medenica/CC; 15om Buiten-Beeld/AL; 15or Pdsfotografie/SS; 15m blickwinkel/AL; 15ul John Navajo/SS; 15ur Alpo Roikola/CC; 16l Ger Bosma /AL; 16r Ger Bosma/AL; 17ol Imagebroker/AL; 17or BIOSPHOTO/AL; 17u blickwinkel/AL; 17mr blickwinkel/AL; 18ol nottsexminer/CC; 18u Tim Gainey/AL; 19ol photographer_from_1980/SS; 19or Francis C. Franklin/CC; 19ul Nature Photographers Ltd/AL; 19mol Miroslav Srb/SS; 19mor Frantisek Hromada/SS; 19um Gecko1968/SS; 19ur Cristian Mihai/SS; 20o Victor Tyakht/SS; 20u Caroline Eastwood/AL; 21ol Dominic Robinson/AL; 21or BRIAN POLLARD/AL; 21ml David Tipling Photo Library/AL; 21mr Antje Schulte – Birds/AL; 21u Richardom/AL; 22l Jesus Giraldo Gutierrez/SS; 22r Achim Christoph/CC; 23ol Axel Strauß/CC; 23or blickwinkel/AL; 23ml Arnstein Rønning/CC; 23ul TobyPhotos/AL; 23ur Keith Hider/SS; 24o Frank Hecker/AL; 24u Albert Beukhof/SS; 25o blickwinkel/AL; 25m blickwinkel/AL; 25ul Vishnevskiy Vasily/SS; 25um Andrew Newman Nature Pictures/AL; 25ur John Navajo/SS; 26 blickwinkel/AL; 27ol Aelinscott/DT; 27om Mark Robinson/CC; 27or Nature Photographers Ltd/AL; 27m blickwinkel/AL; 27ur Dennis Jacobsen/SS; 28 Hintergrund samuelsylf/SS; 28ul 4thebirds/SS; 29ur Harusukae/SS; 30l matushaban/SS; 30r Jesus Cobaleda/SS; 31o Mario Cea Sanchez / VWPics/AL; 31ml Martin Linder/CC; 31mr Ornitolog82/DT; 31ul Rafa Irusta/SS; 32 Stefan Rotter/SS; 33ol Images01/SS; 33om nottsexminer/CC; 33or Ger Bosma/AL; 33m Yuriy Balagula/SS; 33ul John Navajo/SS; 33ur SanderMeertinsPhotography/SS; 34ul Adrian Eugen Ciobaniuc/SS; 34mr Wild Carpathians/SS; 35o Massimiliano Paolino/SS; 35ml matunka/SS; 35m imageBROKER.com/SS; 35u Rudmer Zwerver/SS; 36ol nottsexminer/CC; 36ml Traveller MG/SS; 36ul Uwe Schmitt/CC; 36ur Matt Gibson/SS; 37o Tony Tilford/SS; 37u FLPA/AL; 38o Frank Hecker/AL; 38u christopher smith/AL; 39ol Oriolus/DT; 39om Arnau Soler/SS; 39or Zoonar GmbH/AL; 39ul blickwinkel/AL; 39mr Francisco Berciano Coque–www.bajoelmar.es; 40u Gertjan Hooijer/SS; 40o hecke61/SS; 41ol Sarema/SS; 41or Animalia.bio; 41ml Nature Picture Library/AL; 41r Kafkasyali/DT; 41ul Leo Bucher/SS; 42l Life on white/AL; 42r Whitehouse/AL; 43ol Oriolus/DT; 43or Richard Guijt Photography/SS; 43m Mark Medcalf/SS; 43ul Kevin Whitehouse/AL; 43ur gergosz/SS; 44l Nature Photographers Ltd/AL; 44r Colin Varndell/AL; 45o blickwinkel/AL; 45m imageBROKER.com GmbH & Co. KG/AL; 45ul nottsexminer/CC; 45um blickwinkel/AL; 45ur Lukasbeno/DT; 46l blickwinkel/AL; 46r Jörg Hempel/CC; 47ol Caplio R5 User/CC; 47om Vishnevskiy Vasily/SS; 47or Aaprophoto/DT; 47ml Moisieiev Igor/SS; 47mr Balagula/DT; 47ul Mikalay Varabey/AL; 48 Risto Puranen/SS; 49ol Maximilian Buzun/AL; 49om Robert HENNO/AL; 49or David OBrien/SS; 49ul Nature Photographers Ltd/AL; 49ur BILL STEFANIS/SS; 50o Nature Photographers Ltd/AL; 50u David Osborn/AL; 51ol FLPA/AL; 51or Thomas Hanahoe/AL; 51ur Whiskybottle/DT; 51ul Mille19/DT; 52l matushaban/SS; 52r WildlifeWorld/SS; 53o Mario Cea Sanchez / VWPics/AL; 53ml robin chittenden/AL; 53mr Vasiliy Vishnevskiy/AL; 53ul Nature Picture Library/AL; 53um Eng101/DT; 53ur blickwinkel/AL; 54ol Jens Otte/AL; 54ul Geoff Smith/AL; 54ur mike lane/AL; 55ol Alan B. Schroeder/SS; 55ml imageBROKER.com/SS; 55or Mike O'Carroll/AL; 55ul Frank Hecker/AL; 55Einklinker Imran Shah/CC; 55ur Voodison328/SS; 56o David Chapman/AL; 56ur Leo Bucher/SS; 56ur Ómar Runólfsson/CC; 57ol nottsexminer/CC; 57om Kalle Pihelgas/SS; 57or dpa picture alliance/AL; 57ul Jimmy Edmonds/CC; 57ur Buiten-Beeld/AL; 58l Mark Medcalf/SS; 58r mauritius images GmbH/AL; 59ol Dark_Side/SS; 59om Roger Culos/CC; 59or Catleesi/SS; 59m Rudmer Zwerver/SS; 59u Ondrej Prosicky/SS; 60ol AGAMI Photo Agency/AL; 60ul David Osborn/AL; 60r Martin Pelanek/SS; 61ol Erni/SS; 61or Grigorii Pisotsckii/SS; 61ml FLPA/AL; 61ul AGAMI Photo Agency/AL; 61ur Willie Hall/SS; 62o Yuriy Balagula/SS; 62u WildlifeWorld/SS; 63ol Public Domain; 63or Kati Fleming/CC; 63m Drakuliren/SS; 63ul YK/SS; 63ur UbjsP/SS; 64o Albert Beukhof/SS; 64u Buiten-Beeld/AL; 65ol Mike R/CC; 65om Eoin Gardiner/CC; 65or Ingrid Taylar; 65m Petr Simon/SS; 66 imageBROKER.com GmbH & Co. KG/AL; 67ol Roger Culos/CC; 67om Monika Betley/CC; 67or Sylvain Uriot/Oiseaux.net; 67l photomaster; 67mr Wirestock Creators/SS; 67ur Nature Picture Library/AL; 68–69 Mark Caunt/SS; 69ol Nature Photographers Ltd/AL; 69om Rostovdriver/DT; 69or Saverio Gatto/AL; 69r Петро Катеринич/CC; 70r Galabin Vasilev Asenov/SS; 70l AGAMI Photo Agency/AL; 71ol Vishnevskiy Vasily/SS; 71om WildMedia/SS; 71or AGAMI Photo Agency/AL; 71l Jesus Giraldo Gutierrez/SS; 71r YK/AL; 72l gergosz/SS; 72r Kevin Wells Photography/SS; 73ol Juniors Bildarchiv GmbH/AL; 73or Ujhelyi/SS; 73ul Nature Photographers Ltd/AL; 73ur blickwinkel/AL; 74l Musicaline/CC; 74r Foture/DT; 75ol Wilhelm Zimmerling PAR/CC; 75om Ornitolog82/DT; 75or Hans Viveen/SS; 75m Nature Photographers Ltd/AL; 75u paul sawer/AL; 76o Mehmet Kemal/SS; 76ur Mikelane45/DT; 77ol Florian Teodor/SS; 77om Vishnevskiy Vasily/SS; 77or Andrea Battisti/AL; 77m Pascal De Munck/SS; 77u Ercan Uc/SS; 78 Nick Vorobey/SS; 79ol Vishnevskiy Vasily/SS; 79or Barrie Harwood/AL; 79ml Wild Birds, Alius Imago/AL; 79ul TashaBubo/SS; 80 AGAMI Photo Agency/AL; 81ol imageBROKER.com GmbH & Co. KG/AL; 81r Saverio Gatto/AL; 81ml agsaz/AL; 82or Thorsten Spoerlein/SS; 82u Cultura Creative RF/AL; 83 Shutterstock; 83ul Nature Photographers Ltd/AL; 83ur imageBROKER.com GmbH & Co. KG/AL; 84ol Rudmer Zwerver/AL; 84ur Lightwriter1949/DT; 85or Konjushenko Vladimir/SS; 85m Ed Brown/AL; 85ul blickwinkel/AL; 86or imageBROKER.com GmbH & Co. KG/AL; 86l blickwinkel; 86mr Marie-Lan Tay Pamart/CC; 87l Life on white/AL; 87r Nature Photographers Ltd/AL; 88o Arto Hakola/AL; 88u Eyal Bartov/AL; 89ol Ornitolog82/DT; 89om Vasiliy Vishnevskiy/AL; 89or Visuals_of_mrles/AL; 89m Nature Photographers Ltd/AL; 89ul Teemu Tretjakov/AL; 90 wonderful-Earth.net/AL; 91or Anatoliy Lukich/SS; 91ul Lara Stefansdottir/CC; 91ur Vishnevskiy Vasily/SS; 92 Life on white/AL; 93ol Gillian Pullinger/AL; 93om Marcos Veiga/AL; 93or blickwinkel/AL; 93m Nature Photographers Ltd/AL; 93ul David Tipling Photo Library/AL; 93ur Olivença/CC; 94 Miroslav Hlavko/SS; 95ol Mircea Costina/SS; 95or imageBROKER.com GmbH & Co. KG/AL; 95mr Julia Chew/SS; 95ul Gallinago_media/SS; 95ur Agami Photo Agency/SS; 96 Charles J Sharp Photography; 97ol Dennis Jacobsen/SS; 97or Dominic Robinson/AL; 97ul Graphxl/DT; 97ur Creativenature1/DT; 98l Dirk Rueter/AL; 98r Paul Maguire/AL; 99ol imageBROKER.com GmbH & Co. KG/AL; 99om Azoor Wildlife Photo/AL; 99or Stuartan/DT; 99ml Geoff Smith/AL; 99mr MPF/CC; 99u AGAMI Photo Agency/AL; 100ol Viktor Busel/SS; 100ul Didier Descouens/CC; 100um Anton MirMar/SS; 100r Martin Pelanek/SS; 101o mike lane/AL; 101m Massimiliano Paolino/SS; 101ul YK/SS; 101r Dion Art/CC; 102l trevor hunter/AL; 102r Luiz Lapa/CC; 103l Paolino Massimiliano Manuel/AL; 103o Didier Descouens/CC; 103ur Massimiliano Paolino/SS; 104ol evgen_gu/SS; 104m Mark robert paton/SS; 104ur Nature Photographers Ltd/AL; 105ol Massimiliano Paolino/SS; 105m a andagraf/SS; 105ur Ornitolog/DT; 106 Seppo Miettinen/SS; 107ol Klaus Rassinger und Gerhard Cammerer, Museum Wiesbaden/CC; 107ml Miroslav Hlavko/SS; 107m Paolino Massimiliano Manuel/AL; 107u Alastair Rae/CC; 108 Piotr Krzeslak/SS; 109or Piotr Krzeslak/SS; 109ml Vishnevskiy Vasily/SS; 109mr Duncan Usher; 109ul francesco de marco/SS; 110 Traveller MG/SS; 111o paul sawer/AL; 111m JAH/AL; 111ul Vishnevskiy Vasily/SS; 111ur Jan Pelcman/SS; 112l blickwinkel/AL; 112or Klaas Vledder/SS; 112ur Falcon1985/SS; 113ol Brian Kushner/AL; 113or Vitallia/SS; 113u Harry Collins Photography/SS; 114 Hintergrund Jürgen Wackenhut/SS; 114ol Saverio Gatto/AL; 114ul Dr. Ajay Kumar Singh/SS; 114ur gergosz/SS; 115o Media Drum World/AL; 115ol mihirjoshi/SS; 115ml Molysme/DT; 115mr Uweo/DT; 115u Adrian Eugen Ciobaniuc/SS; 116l Piotr Krzeslak/SS; 116r Jesus Giraldo Gutierrez/SS; 117ol imageBROKER.com GmbH & Co. KG/AL; 117om Vasiliy Vishnevskiy/AL; 117mr slowmotiongli/SS; 117u imageBROKER.com GmbH & Co. KG/AL; 118 Jesus Giraldo Gutierrez/SS; 119o Rostislav Stach/SS; 119mr Nature Picture Library/AL; 119ur ALAN SCHMIERER/CC; 120–121 Piotr Krzeslak/SS; 121o Piotr Krzeslak/SS; 121ml WildlifeWorld/SS; 121m Panther Media GmbH/AL; 121mr Nature Photographers Ltd/AL; 121ur CezaryKorkosz/SS; 122ul Arterra Picture Library/AL; 122r Jesus Cobaleda/SS; 123ol Philip Jones/AL; 123or Lee Parsons/AL; 123m Nature Photographers Ltd/AL; 123u blickwinkel/AL; 124 RMMPPhotography/SS; 125ol Vladimir Kogan Michael/SS; 125or Dorling Kindersley ltd/AL; 125ul Tomas Hulik ARTpoint/SS; 125ur Tomas Hulik ARTpoint/SS; 126 Mbrandaj/DT; 127ol Nature Photographers Ltd/AL; 127om Gucio_55/SS; 127or Petr Muckstein/SS; 127m Sergey Uryadnikov/SS; 127u COULANGES/SS; 128l Josh Harrison/AL; 129ol Imagebroker/AL; 129or David Kalosson/SS; 129m Rudmer Zwerver/SS; 129ul Steve Bailey/AL; 129ur scigelova/SS; 130l David Havel/SS; 130um Vishnevskiy Vasily/SS; 130ur Zoran Gavrilović/CC; 131ol Nature Photographers Ltd/AL; 131om All Canada Photos/AL; 131or Ed Brown Wildlife/AL; 131u Andrew Darrington/AL; 132 Zdenek Macat/AL; 133ol Guy Edwardes Photography/AL; 133or CezaryKorkosz/SS; 133mr slowmotiongli/SS; 33ul Steve Allen/SS; 133um MZPHOTO.CZ/SS; 133ur Christopher Chambers/SS; 134 petrdd/SS; 135ol vitrolphoto/SS; 135om Zoran Gavrilović/CC; 135or Dennis Jacobsen/SS; 135m Rudmer Zwerver/SS; 135ul Ondrej Prosicky/SS; 135ur Kersti Lindstrom/SS; 136o Tomas Hilger/SS; 136ul Banu R/SS; 136ur Albert Beukhof/SS; 137l petrdd/SS; 137ul Klaus Rassinger und Gerhard Cammerer/CC; 138ul edmon/SS; 138–139 Vitalii Hulai/SS; 139ol Ragnhild & Neil Crawford/CC; 139or Henri_Lehtola/SS; 139ul adamikarl/SS; 139ur Nature Photographers Ltd/AL; 140–141 Voodison328/SS; 141ol Shutterstock Create; 141om imageBROKER.com GmbH/AL; 141or WildlifeWorld/SS; 141u SpotLuda/SS; 142 WildMedia/SS; 143l Dennis Jacobsen/SS; 143m FLPA/AL; 143r Tomi/CC; 144or Shyjo/SS; 144–145 Rudmer Zwerver/SS; 145ol LABETAA Andre/SS; 145or Rudmer Zwerver/SS; 145ml Roger Culos/CC; 146o Rob Palmer Photography/SS; 146m Janet Griffin/SS; 146–147 Ronald Wittek/SS; 147o Shaun Cunningham/AL; 147mr Bengt Nyman/CC; 147ur Vishnevskiy Vasily/SS; 148u Piotr Poznan/SS; 148–149 Tusar's Bird Photography/SS; 149ol AGAMI Photo Agency/AL; 149mr Maciej Olszewski/SS; 149ur imageBROKER.com GmbH & Co. KG/AL; 150l H. Mark Weidman Photography/AL; 150r Vasiliy Vishnevskiy/AL; 151o Ger Bosma/AL; 151u KEVIN ELSBY/AL; 152o Philip Mugridge/AL; 152u Kaushik/CC; 153ol Krista Lundgren/CC; 153om Klaus Rassinger und Gerhard Cammerer, Museum Wiesbaden/CC; 153or U.S. Fish and Wildlife Service/CC; 153u Eivor Kuchta/SS; 154–155 Hintergrund Lars Johansson/AL; 154ol NATTHAWAT/SS; 154ul CHAUDHARI VIRAL/SS; 154um Kemeo/SS; 154ur A & J Visage/AL; 155ul Aleksandra Smirnova/SS; 155or sasimoto/SS; 155mr noicherrybeans/SS; 155ur Wut_Moppie/SS; 156–157 Jonas Vegele/SS; 157ol Robert Adami/SS; 157or jans canon/CC; 157mr Jeff W. Jarrett/SS; 157ul 2016 Bruce MacQueen/SS; 157ur Y. Kumar/SS; 158l imageBROKER.com GmbH & Co. KG/AL; 158–159 Adrian Eugen Ciobaniuc/SS; 159or Smiler99/SS; 159mr Florian Teodor/SS; 159ur Andre Gilden/AL; 160–161 JaklZdenek/SS; 161o Viatore/SS; 161ml Risto Puranen/SS; 161mr Monika Surzin/SS; 161ul Russ/CC; 161ur Maximillian cabinet/SS; 162–163 Risto Puranen/SS; 163ol Lasse Johansson/SS; 163or Ingrid Maasik/SS; 163ml Popova Valeriya/SS; 163u Giedriius/SS; 164l FotoRequest/SS; 164or Clarence Rhode/CC; 164ur Bob Gill (U.S. Fish and Wildlife Service); 165o Agami Photo Agency/SS; 165m dpa picture alliance/AL; 165ml Erni/SS; 165u ukyslukys/DT; 166–167 Albert Beukhof/SS; 167ol W Verhagen/SS; 167ml Andreas Praefcke/CC; 167m dba87/SS; 167mr Arterra Picture Library/AL; 168or Joe Austin Photography/AL; 168m Ondrej Prosicky/SS; 168ul Bengt Nyman/CC; 168ur dpa picture alliance/AL; 169l Tim Graham/AL; 169r Maximillian cabinet/SS; 170ol Cristina Ivan/SS; 170ul Miroslav Hlavko/SS; 170–171 Dark_Side/SS; 171u Albert Beukhof/SS; 172 Panther Media GmbH/AL; 173ol Maximilian Buzun/AL; 173om Erni/SS; 173or Sebastian_Photography/SS; 173ml Alexis LOURS/CC; 173mr Shyamal/CC; 173u RudiErnst/SS; 174–175 Wendy Bee/SS; 175ol blickwinkel/AL; 175om Gerard Navizet/AL; 175or Zeno Swijtink/SS; 175ul Grzegorz Dlugosz/SS; 175mr Dominic Robinson/AL; 175ur Simonas Minkevicius/SS; 176o Philip Mugridge/AL; 176u Remo Savisaar/AL; 177ol Bengt Nyman/CC; 177ml Phillip Cull/AL; 177or Nature Picture Library/AL; 177m Malcolm Schuyl/AL; 177ur Eirik Gronningsaeter/AL; 178 Paul Reeves Photography/SS; 179o rock ptarmigan/SS; 179ml Dennis Jacobsen/SS; 179mr Elliotte Rusty Harold/SS; 179ul Science History Images/AL; 179um MyImages – Micha/SS; 179ur Morzem Bałtyckim/CC; 180ul clarst5/SS; 180or Remo Savisaar/AL; 180ur clarst5/SS; 181ol imageBROKER.com/SS; 181om PetyaUzunova/SS; 181or FJAH/SS; 181ml P_vaida/SS; 181mr FJAH/SS; 182 Maximsuntar/SS; 183ol Daniel Fridriksson/SS; 183om Avalon.red/AL; 183or Sandra Standbridge/SS; 183m NaturesMomentsuk/SS; 183ul blickwinkel/AL; 183ur Mats Brynolf/SS; 184–185 Hintergrund Joe Ferrer/SS; 184ol luscofusco/SS; 184ml Science History Images/AL; 184ul Public Domain; 184ur Marcel Poncu/SS; 185um EtaCarinae89/SS; 185mr Public Domain; 185ur Harry Collins Photography/SS; 186ol Jesus Cobaleda/SS; 186u teekayu/SS; 187ol adamikarl/SS; 187or Bengt Nyman/CC; 187ml gailhampshire/CC; 187u selim kaya photography/SS; 188 Saverio Gatto/AL; 189ol European Wildlife/AL; 189or Gertjan Hooijer/SS; 189mr Minden Pictures/AL; 189ul CezaryKorkosz/SS; 189um Victor Tyakht/AL; 189ur Buiten-Beeld/AL; 190l Charles J Sharp Photography; 190–191 W. de Vries/SS; 191o Erni/SS; 191mr Ian Dyball/SS; 191ur MMCez/SS; 191ml bieszczady_wildlife/SS; 192 feathercollector/SS; 193u John Eveson/AL; 193ol mike lane/AL; 193om Nick Pecker/SS; 193or Menno Schaefer/SS; 194–195 AG News/AL; 195or Gergo Nagy/SS; 195m Mark Medcalf/SS; 195u blickwinkel/AL; 196ul Vasiliy Vishnevskiy/AL; 196ur imageBROKER.com GmbH & Co. KG/AL; 196–197 Piotr Krzeslak/SS; 197ol Buiten-Beeld/AL; 197or Nick Vorobey/SS; 198–199 Angyalosi Beata/SS; 199ol Ondrej Prosicky/AL; 199or Ondrej Prosicky/SS; 199u Panther Media GmbH/AL; 200l Mario Moreno/AL; 200r dpa picture alliance/AL; 201or Mircea Costina/SS; 201m mashy2004/SS; 201ul imageBROKER.com GmbH & Co. KG/AL; 201ur chippix/SS; 202ul Remo Savisaar/AL; 202–203 Lars S. Madsen/AL; 203ol imageBROKER.com GmbH & Co. KG/AL; 203or tbkmedia.de/AL; 203mr blickwinkel/AL; 203u Steve Taylor ARPS/AL; 204 David Tipling Photo Library/AL; 205ol aaltair/SS; 205or blickwinkel/AL; 205m Henk Bogaard/SS; 205u Vladimir Turkenich/SS; 206ul Sergey Uryadnikov/SS; 206–207 Sergey Uryadnikov/SS; 207or Dominik Belica/SS; 207m Naturepix/AL; 207ur Simonas Minkevicius/SS; 208ul Maximillian cabinet/SS; 208mr Mark Medcalf/SS; 209ul Stephan Morris/SS; 209m Piotr Poznan/SS; 209or Jordijornet51/DT; 209mr imageBROKER.com GmbH & Co. KG/AL; 210 Hintergrund Yongkiet Jitwattanatam/SS; 210ml Maximillian cabinet/SS; 210ul Tanes Ngamsom/SS; 210ur George Trumpeter/SS; 211 Einklinker Luis Leamus/AL; 211ur Wirestock Creators/SS; 212ul Geoff Smith/AL; 213m Avico Ltd/AL; 213um imageBROKER.com GmbH & Co. KG/AL; 213ur Remo Savisaar/AL; 214ur Joe Blossom/AL; 214–215 Charles J Sharp Photography; 215ol Jacob Spinks/CC; 215ur Kazakov Maksim/SS; 216ml Leah Strople/SS; 216ul Richard Guijt Photography/SS; 216–217 Mats Janson/AL; 217o Stefan Rotter/SS; 217m Clearview/AL; 217u Premium Stock Photography GmbH/AL; 218u Reimar/SS; 218–219 tim link/SS; 219om Carlos Eduardo Joos/CC; 219ul Streluk/DT; 219um imageBROKER.com GmbH & Co. KG/AL; 219ur Frankf74/DT; 220 Jiri Hrebicek/SS; 221 Hintergrund Wirestock Creators/SS; 221ml All Canada Photos/AL; 221ul GIBAN/SS; 221m FotoRequest/SS

Nachsatz: Tim Graham/AL (l); Cristina Ivan/SS (r); Tomas Hilger/SS (u)